어떤 문제도 해결하는
사고력 수학 문제집

박학다식
문해력
수학

초등 6년

1단계

VIO에드
ViaEducation

사고력+문해력 융합
수학 학습 프로그램

사고력 / 문해력

문제해결능력
추론능력
의사소통능력
연결능력
정보처리능력
표현력
어휘력
메타인지능력

발행처 비아에듀 | 지은이 최수일·문해력수학연구팀 | 발행인 한상준 | 초판 1쇄 발행일 2023년 12월 22일
편집 김민정·강탁준·최정휴·손지원·허영범 | 기획 자문 박일(수학체험연구소장) | 삽화 김영화 | 디자인 조경규·김경희·이우현·문지현
주소 서울시 마포구 월드컵북로6길 97 | 전화 02-334-6123 | 홈페이지 viabook.kr

문해력이 수학 실력을 좌우합니다

    지능 검사는 5개 영역에서 이루어집니다. 어휘적용, 언어추리, 산수추리, 수열추리, 도형추리입니다. 이 중에서 수학 실력과 가장 밀접한 상관관계를 갖는 영역은 무엇일까요? 많은 연구 결과, 수학과 직접적인 관계가 있는 산수추리나 수열추리, 도형추리보다 어휘적용과 언어추리가 수학 실력과의 상관관계가 더 높은 것으로 나타났습니다. '어휘적용'과 '언어추리'가 무엇일까요? 바로 문해력입니다. 문해력이 수학 실력을 좌우합니다.

    문해력은 무엇일까요? 문해력은 글을 읽고 의미를 파악하고 이해하는 능력뿐만 아니라 중요한 정보나 사실을 찾고 연결하는 능력이며, 실생활에서 맞닥뜨리는 상황을 이해하고 해결하는 능력입니다. 이는 수학에서 요구하는 역량과도 맞닿아 있습니다. 2024년부터 적용되는 새로운 수학 교육과정은 문제해결, 추론, 의사소통, 연결, 정보처리의 5대 교과 역량을 기반으로 구성됩니다. 또한, 최근 세계적으로 우수한 인재를 위한 교육 프로그램으로 인정받고 있는 IB(International Baccalaureate) 프로그램에서도 사고력을 키워주는 역량 중심의 교육과정을 지향하고 있습니다. 초등수학 IB 프로그램은 위에서 언급한 역량을 키우기 위해 서술형, 논술형 문제를 통해 설명하기(프리젠테이션)와 글쓰기 공부를 강조하고 있습니다.

    지식과 정보가 폭발적으로 증가하는 사회에 능동적으로 대응할 수 있는 역량을 갖추는 공부가 절실히 필요한 때입니다. 수학 개념을 정확하고 논리적으로 설명할 줄 아는 공부야말로 미래를 준비하고, 대처할 수 있는 능력을 키워 줄 수 있습니다. 『박학다식 문해력 수학』은 수학 교육과정에서 요구하는 5대 역량과 '설명하기'를 통해 학생이 개념을 충분히 인지하였는지를 알 수 있는 메타인지능력, 그리고 문해력을 동시에 키울 수 있는 교재입니다.

    이 책과 함께 성장하는 여러분의 미래를 응원합니다.

박학다식 문해력 수학 사용설명서

step 1

내비게이션

교과서의 교육과정과
학습 주제를 확인해 보세요.
문제에 집중하다 보면
길을 잃기도 하거든요.
내가 공부하고 있는 위치를
확인하는 습관을 지녀보세요.

만화

만화는 뒤에 나오는
'수학 문해력'과 연결이 돼요. 만화를 보며 해당 학습 주제에 대해 상상해 보세요.
그리고 이 주제를 '왜' 배워야 하는지 생각해 보세요.

30초 개념

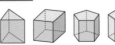

수학은 '뜻(정의)'과 '성질'이
중요한 과목입니다.
꼭 알아야 할 핵심만
정리해 한눈에 개념을
이해할 수 있어요.

와 같이 위와 아래에 있는 면이 서로 평행
하고 합동인 다각형으로 이루어진 입체도형을 각기둥이라고 합니다.

오른쪽 각기둥에서 면 ㄱㄴㄷ과 면 ㄹㅁㅂ과 같이 서로 평행하고
합동인 두 면을 밑면이라고 합니다. 이때 두 밑면은 나머지 면들과
모두 수직으로 만납니다.

개념연결

수학의 개념은 전 학년에 걸쳐
모두 연결되어 있어요. 지금
배우는 개념이 이해가 되지
않는다면 이전 개념으로 돌아가
다시 확인해 보세요. 그리고 다음에는 어떤 개념으로 연결되는지도 꼭 확인하세요.

4-2	5-2	6-1	6-1
다각형	직육면체	각기둥	각기둥의 모서리, 꼭짓점, 높이

매일 한 주제씩 꾸준히 공부하는 습관을 키워 보세요.
'빨리'보다는 '정확하게' 학습 내용을 이해하는 것이 중요합니다.

공부한 날   월   일

step 2 설명하기

질문 ❶ 다음 입체도형 중 각기둥이 아닌 것을 찾고, 그 이유를 설명해 보세요.

가 나 다 라 마

설명하기 가, 나, 라는 각기둥이고, 다, 마는 각기둥이 아닙니다.
다는 위와 아래에 있는 면이 서로 평행하고 합동이지만 다각형으로 이루어지지 않았기 때문에 각기둥이 아닙니다.
마는 위 또는 아래에 면이 없기 때문에 각기둥이 아닙니다.

질문 ❷ 각기둥의 옆면의 모양과 개수를 설명해 보세요.

가 나 다

 나 다

각기둥에서 색칠한 두 면은 서로 평행하고 합동이므로 밑면입니다.
나는 색칠한 두 면 말고 나머지 네 면도 두 면씩 서로 평행하고 합동이므로 밑면이라고 할 수 있습니다.
각기둥에서 두 밑면과 만나는 면을 옆면이라고 합니다.
각기둥 가는 옆면이 3개이며, 옆면은 모두 직사각형입니다.
각기둥 나는 옆면이 4개이며, 옆면은 모두 직사각형입니다.
각기둥 다는 옆면이 5개이며, 옆면은 모두 직사각형입니다.

설명하기

'30초 개념'을 질문과 설명의 형식으로 쉽고 자세하게 풀어놓았어요.

• 이렇게 공부해 보세요!
1. 무엇을 묻는 질문인지 이해한다.
2. '설명하기'를 소리 내어 읽는다.
3. 친구에게 설명한다.
4. 손으로 직접 써서 정리한다.

이 과정을 거치게 되면 초등수학의 모든 개념을 정복할 수 있어요.

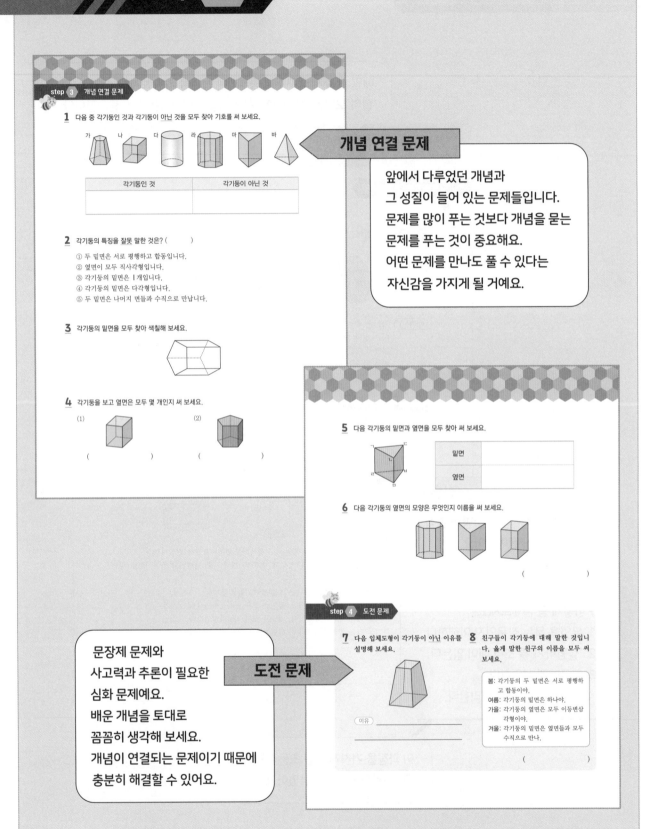

step 3 개념 연결 문제

1 다음 중 각기둥인 것과 각기둥이 아닌 것을 모두 찾아 기호를 써 보세요.

가 나 다 라 마 바

각기둥인 것	각기둥이 아닌 것

개념 연결 문제

앞에서 다루었던 개념과
그 성질이 들어 있는 문제들입니다.
문제를 많이 푸는 것보다 개념을 묻는
문제를 푸는 것이 중요해요.
어떤 문제를 만나도 풀 수 있다는
자신감을 가지게 될 거예요.

2 각기둥의 특징을 잘못 말한 것은? (   )

① 두 밑면은 서로 평행하고 합동입니다.
② 옆면이 모두 직사각형입니다.
③ 각기둥의 밑면은 1개입니다.
④ 각기둥의 밑면은 다각형입니다.
⑤ 두 밑면은 나머지 면들과 수직으로 만납니다.

3 각기둥의 밑면을 모두 찾아 색칠해 보세요.

4 각기둥을 보고 옆면은 모두 몇 개인지 써 보세요.

(1)   (2)

(   )   (   )

5 다음 각기둥의 밑면과 옆면을 모두 찾아 써 보세요.

밑면	
옆면	

6 다음 각기둥의 옆면의 모양은 무엇인지 이름을 써 보세요.

(   )

step 4 도전 문제

문장제 문제와
사고력과 추론이 필요한
심화 문제예요.
배운 개념을 토대로
꼼꼼히 생각해 보세요.
개념이 연결되는 문제이기 때문에
충분히 해결할 수 있어요.

도전 문제

7 다음 입체도형이 각기둥이 아닌 이유를 설명해 보세요.

이유 _____

8 친구들이 각기둥에 대해 말한 것입니다. 옳게 말한 친구의 이름을 모두 써 보세요.

봄: 각기둥의 두 밑면은 서로 평행하고 합동이야.
여름: 각기둥의 밑면은 하나야.
가을: 각기둥의 옆면은 모두 이등변삼각형이야.
겨울: 각기둥의 밑면은 옆면들과 모두 수직으로 만나.

(   )

주상절리에서 찾을 수 있는 각기둥

사람들은 건축물을 지을 때 기둥을 만들어서 건물을 지탱하게 한다. 이렇게 인간이 만든 기둥 말고 자연적으로 만들어진 기둥 모양이 있다. 기둥 모양으로 생긴 절리를 주상절리라고 하는데, 뜨거운 용암이나 화성쇄설물이 급히 식으면서 기둥 모양의 암석으로 굳어진 지형을 말한다. 우리나라에서는 대표적으로 제주도 해안에서 높이 수십 미터짜리 각기둥이 겹겹이 포개어진 주상절리의 모습을 볼 수 있다.

▲ 제주 주상절리대 (출처: 공공누리)

이러한 주상절리의 윗부분에서는 특이한 다각형을 볼 수 있다. 주상절리의 윗부분은 보통 육각형이라고 알려져 있는데, 자세히 보면 사각형, 오각형 등으로 꼭 육각형만은 아니라는 것을 알 수 있다.

▲ 위에서 본 주상절리의 모습
(출처: 공공누리)

▲ 위에서 본 모습을 스케치한 것

주상절리를 위에서 본 모습을 스케치한 그림을 보자. 각 도형이 모두 하나의 기둥이 된다면 제주도의 주상절리와 같은 모습이 될 것임을 알 수 있다. 이렇게 의도하지 않았지만 그 속에 수학을 품고 있는 자연 현상이 많이 존재한다.

* 절리 : 마그마나 용암이 굳을 때 수축이 일어나면 암석에 틈이 생기고, 오랜 시간 동안 바람과 물의 작용으로 깎이다 보면 어느새 굵은 틈이 된다. 이러한 틈을 절리라고 한다.
* 화성쇄설물: 화산 활동에 의해 화구로부터 분출되는 파편상의 고체 물질을 총칭하는 것

---

1 이 글에서 주상절리가 만들어지는 순서대로 기호를 써 보세요.

> ㉠ 용암이 분출됨   ㉡ 냉각에 의한 수축이 일어남   ㉢ 용암이 급격하게 식음

( )

2 주상절리를 위에서 봤을 때 가장 많이 보이는 다각형의 이름을 써 보세요.

( )

3 주상절리를 위에서 본 모습을 스케치한 것입니다. 표시한 다각형을 밑면으로 하는 각기둥의 이름을 써 보세요.

가 ( )
나 ( )
다 ( )

4 문제 3의 각기둥을 각각 그려 보세요.

가	나	다

박학다식 문해력 수학  초등 6-1단계

step 1 **30초 개념**

• (자연수)÷(자연수)의 몫을 분수로 나타내는 방법

(자연수)÷(자연수)에서 나누어지는 수는 분자, 나누는 수는 분모가 됩니다.

$1÷2$의 몫을 분수로 나타낼 때 나누어지는 수 1은 분자, 나누는 수 2는 분모가 되므로

$$1 ÷ 2 = \frac{1}{2}$$

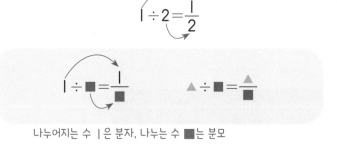

나누어지는 수 1은 분자, 나누는 수 $■$는 분모

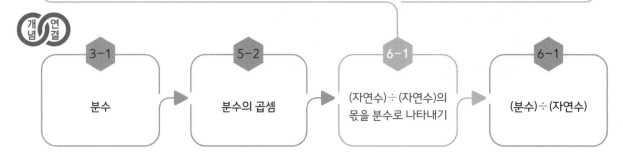

step 2 설명하기

질문 ❶ $2 \div 3 = \dfrac{2}{3}$ 를 그림을 이용하여 설명해 보세요.

설명하기 원 2개를 각각 똑같이 3으로 나눈 것을 그림으로 나타내면 오른쪽과 같습니다.

$1 \div 3 = \dfrac{1}{3}$ 이므로 $2 \div 3 = \dfrac{2}{3}$ 입니다.

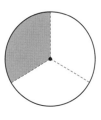 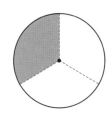

질문 ❷ $5 \div 4 = \dfrac{5}{4}$ 를 그림을 이용하여 설명해 보세요.

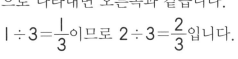

설명하기 색종이 5장을 4명이 똑같이 나누어 가질 때, 한 사람이 가질 수 있는 몫을 생각하면 그림과 같습니다.

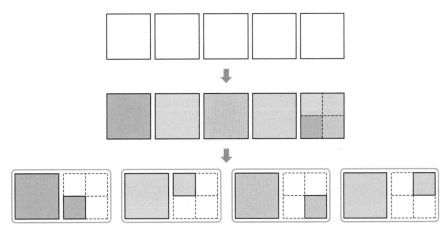

한 사람이 받는 몫은 $1\dfrac{1}{4}$ 입니다. 따라서 $5 \div 4 = 1\dfrac{1}{4} = \dfrac{5}{4}$ 입니다.

1 그림을 보고 1÷3의 몫을 분수로 나타내어 보세요.

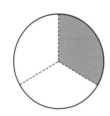

$1 \div 3 = \dfrac{\square}{\square}$

2 그림을 보고 5÷6의 몫을 분수로 나타내어 보세요.

$5 \div 6 = \dfrac{\square}{\square}$

3 4÷3의 몫을 그림으로 나타내고, 분수로 나타내어 보세요.

$4 \div 3 = \dfrac{\square}{\square}$

4 나눗셈의 몫을 분수로 나타내어 보세요.

(1) 1÷4

(2) 6÷7

(3) 12÷5 = $\dfrac{\square}{5}$

(4) 31÷6 = $\dfrac{\square}{6}$

5 나눗셈의 몫을 대분수로 나타내어 보세요.

(1) $18 \div 5$

(2) $19 \div 4$

(3) $20 \div 7$

(4) $26 \div 3$

6 빈 곳에 알맞은 분수를 써넣으세요.

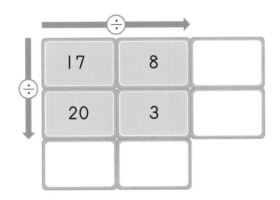

step **4** 도전 문제

7 음식점에서 4 kg짜리 밀가루 5봉지를 7일 동안 매일 똑같이 나누어 사용했습니다. 하루에 사용한 밀가루의 양은 몇 kg인가요?

(   )

8 어떤 수를 7로 나누어야 할 것을 잘못하여 곱했더니 56이 되었습니다. 바르게 계산하면 얼마인지 분수로 나타내어 보세요.

(   )

의적 홍길동

조선의 세종 대왕이 즉위한 지 15년째 되는 해, 판서 벼슬을 하는 양반 홍문과 노비 출신의 첩 춘섬 사이에서 홍길동이라는 아이가 태어났다. 홍길동은 모두에게 칭찬받는 아이였으나 천한 종의 몸에서 태어났기 때문에 아버지를 아버지라 부르지 못하고 형을 형이라 부를 수 없는 처지였다. 길동은 입신양명*할 수 없을 바에는 차라리 산속에 들어가 사는 것이 낫다고 생각했다. 또한 홍 판서의 사랑을 듬뿍 받는 홍길동의 어머니와 홍길동을 질투한 홍 판서의 첩이 길동을 죽이려 한 일이 일어났다. 자객을 잡아 모든 자초지종을 들은 길동은 그길로 어머니께 인사를 드리고 집을 떠났다.

길을 걷다가 도적 떼의 소굴을 발견한 길동은 시험을 거친 끝에 도적 떼의 우두머리가 되었고, 앞으로 조선 팔도를 다니며 못된 벼슬아치들의 재물을 훔쳐 굶주린 백성들에게 나누어 줄 것이라 선포했다. 그리고 가난하고 선량한 백성의 재물에는 절대 손대지 않고, 그들을 돕겠다는 뜻에서 도적 떼의 이름을 '활빈당'이라고 지었다.

그렇게 탐관오리*들의 재물을 빼앗던 어느 날, 도적 떼의 일원이 말했다.

"두목님, 오늘 최 참판 집에서 곡식으로는 쌀 13가마, 콩 7가마, 수수를 10가마 가지고 왔고, 장롱에 숨겨둔 패물도 가지고 왔습니다."

홍길동이 말했다.

"그래, 다들 수고했다. 그럼 저기 윗마을에 곡식을 먼저 나누어 주면 좋겠구나."

"네. 윗마을에 모두 아홉 집이 살고 있으니 모두 공평히 나누어 주겠습니다."

부하가 말했다.

"그런데 두목님, 아랫마을에도 콩을 좀 나누어 주면 어떨까요?"

부하의 말에 홍길동이 대답했다.

"좋은 생각이구나. 골고루 나눌 수 있으면 더 좋은 일이지. 아랫마을에는 열 집이 살고 있으니 공평하게 잘 나누어 주거라."

＊**입신양명**: 자신의 뜻을 확립하고 이름을 알림.
＊**탐관오리**: 자신의 이익을 위해 부정한 짓을 일삼는 타락한 벼슬아치

1 홍길동에 대한 설명으로 옳은 것은? (　　　　)

　① 조선 성종이 즉위한 해에 태어났다.
　② 홍 판서와 기생 출신의 첩 사이에서 태어났다.
　③ 입신양명에 뜻이 없었다.
　④ 아버지를 아버지라 부르지 못하고 형을 형이라 부르지 못했다.
　⑤ 나중에는 벼슬에 올라 입신양명했다.

2 홍길동이 지은 도적 떼 이름인 '활빈당'의 의미는 무엇입니까?

_____

_____

3 홍길동이 윗마을 아홉 집에 쌀을 똑같이 나누어 주려면 한 집에 몇 가마씩 주어야 하는지 구해 보세요.

식　_____

답　_____

4 홍길동이 준 콩 7가마를 아랫마을 열 집이 똑같이 나누어 가지려고 합니다. 한 집이 콩을 몇 가마씩 가질 수 있는지 그림으로 나타내어 보세요.

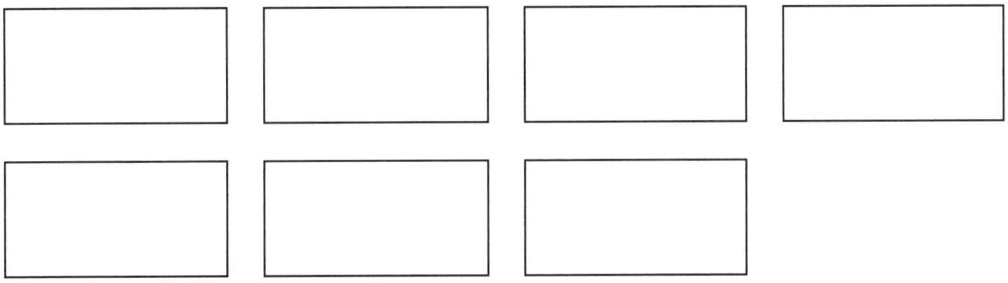

5 홍길동이 수수를 윗마을과 아랫마을 모두에게 나누어 주면 한 집이 받을 수 있는 수수는 몇 가마인가요?

(　　　　　　　　　　　)

02

분수의 나눗셈

(분수) ÷ (자연수)

$\dfrac{6}{8}$ 로봇 삼단 분리!!

$\dfrac{2}{8}$!!

$\dfrac{6}{8}$을 3으로 나누면 $\dfrac{2}{8}$가 되는군.

step 1 **30초 개념**

• (분수) ÷ (자연수)를 계산하는 방법

① 분자가 자연수의 배수이면 분자를 자연수로 나눕니다.

$$\frac{6}{7} \div 3 = \frac{6 \div 3}{7} = \frac{2}{7}$$

② 분자가 자연수의 배수가 아니면 크기가 같은 분수 중에 분자가 자연수의 배수인 분수로 바꾸어 분자를 자연수로 나눕니다.

$$\frac{2}{5} \div 3 = \frac{2 \times 3}{5 \times 3} \div 3 = \frac{6}{15} \div 3 = \frac{6 \div 3}{15} = \frac{2}{15}$$

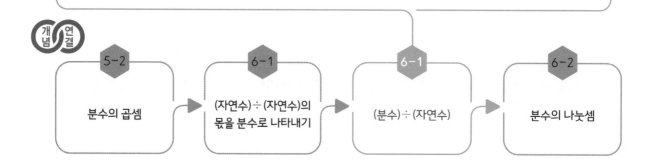

개념 연결

5-2	6-1	6-1	6-2
분수의 곱셈	(자연수) ÷ (자연수)의 몫을 분수로 나타내기	(분수) ÷ (자연수)	분수의 나눗셈

step **2** 설명하기

질문 ❶ $\dfrac{6}{8} \div 3 = \dfrac{2}{8}$ 를 그림을 이용하여 설명해 보세요.

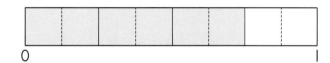

설명하기 그림에서 $\dfrac{6}{8}$ 은 $\dfrac{1}{8}$ 이 6개이고, $6 \div 3 = 2$ 이므로 $\dfrac{6}{8} \div 3 = \dfrac{2}{8}$ 입니다.

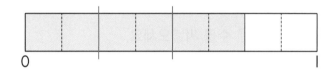

질문 ❷ $\dfrac{3}{4} \div 2$ 를 크기가 같은 분수를 이용하여 계산하고, 그 과정을 설명해 보세요.

설명하기 $\dfrac{3}{4} \div 2$ 의 경우 3이 2의 배수가 아니므로 $\dfrac{3}{4} = \dfrac{3 \times 2}{4 \times 2}$ 로 고치면 분자가 2의 배수 이므로 나눗셈을 할 수 있습니다.

$$\dfrac{3}{4} \div 2 = \dfrac{6}{8} \div 2 = \dfrac{6 \div 2}{8} = \dfrac{3}{8}$$

분자가 자연수의 배수가 아닐 때는 크기가 같은 분수 중에 분자가 자연수의 배수인 수로 바꾸어 계산합니다.

1 $\dfrac{4}{7} \div 2$의 몫을 수직선에 ↓로 나타내고 □ 안에 알맞은 수를 써넣으세요.

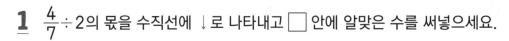

$$\dfrac{4}{7} \div 2 = \dfrac{\Box}{\Box}$$

2 그림을 보고 □ 안에 알맞은 수를 써넣으세요.

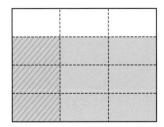

$$\dfrac{3}{4} \div 3 = \dfrac{\Box}{\Box}$$

3 □ 안에 알맞은 수를 써넣으세요.

(1) $\dfrac{8}{11} \div 4 = \dfrac{\boxed{} \div \boxed{}}{\boxed{}} = \dfrac{\boxed{}}{\boxed{}}$

(2) $\dfrac{3}{5} \div 2 = \dfrac{\boxed{}}{10} \div 2 = \dfrac{\boxed{} \div 2}{10} = \dfrac{\boxed{}}{\boxed{}}$

(3) $\dfrac{1}{2} \div 7 = \dfrac{1}{2} \times \dfrac{1}{\boxed{}} = \dfrac{\boxed{}}{\boxed{}}$

(4) $\dfrac{7}{11} \div 3 = \dfrac{7}{11} \times \dfrac{\boxed{}}{\boxed{}} = \dfrac{\boxed{}}{\boxed{}}$

4 $1\frac{1}{5} \div 2$를 2가지 방법으로 계산해 보세요.

(1) $1\frac{1}{5} \div 2 = \dfrac{\boxed{}}{5} \div 2 = \dfrac{\boxed{} \div 2}{5} = \boxed{}$

(2) $1\frac{1}{5} \div 2 = \dfrac{\boxed{}}{5} \div 2 = \dfrac{6}{5} \times \dfrac{\boxed{}}{\boxed{}} = \boxed{}$

5 계산 결과가 큰 것부터 순서대로 기호를 써 보세요.

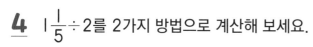

ㄱ $\dfrac{1}{2} \div 7$ 　　　 ㄴ $\dfrac{3}{8} \div 3$ 　　　 ㄷ $\dfrac{5}{6} \div 4$

(　　　　　　　　)

6 빈 곳에 알맞은 수를 써넣으세요.

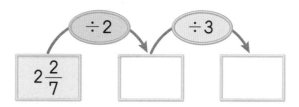

7 □ 안에 알맞은 수를 구해 보세요.

$$\boxed{} \div 8 = \dfrac{5}{24}$$

(　　　　　　)

8 둘레가 $10\frac{1}{5}$ cm인 정사각형의 한 변의 길이는 몇 cm인지 구해 보세요.

(　　　　　　)

조선 시대 소작농[*]의 농사짓기

조선 시대에는 본인의 땅을 본인이 소유하여 직접 농사를 짓는 일이 많지 않았다. 소작농들이 지주에게서 토지를 빌려 경작했기 때문이었다. 즉, 소수의 지주만이 땅을 많이 가지고 있었으며, 그들은 자신의 땅을 소작농들에게 나누어 준 다음 그 땅에서 수확된 농작물을 세금처럼 소작료로 내게 했다. 소작농들이 열심히 일을 하고 있으면 지주는 그것을 누워서 지켜보고 있는 풍속화를 통해서도 알 수 있듯이 지주는 소작농들의 노력으로 농작물을 얻었다. 그런데 이러한 환경 속에서 잘못된 세금 정책으로 대부분이 소작농인 백성들이 고통받자 숙종은 이를 바로잡고자 쌀을 공납[*] 대신 세금으로 내는 '대동법'을 전국적으로 실시했다.

다음은 김 진사의 소작농들이 모여서 이야기 나누고 있는 모습이다.

삼돌: 다들 농사는 잘 되어 가는가? 올해는 가뭄이나 홍수 없이 날씨가 무난하여 괜찮을 듯한데 말일세.

순복: 올해는 흉작은 아닐 듯하네. 참, 자네는 김 진사 댁네 땅의 얼마만큼을 받아 농사짓고 있는가?

삼돌: 나야 뭐 $\frac{2}{5}$ 정도 되려나? 아내와 둘이

서 나누어 하고 있지. 그러는 자네는 얼마나 경작하고 있는가?

순복: 나는 $\frac{3}{10}$ 정도야. 아들 둘과 나누어 경작하고 있네.

만석: 나는 $\frac{1}{5}$ 만큼을 아내와 하고 있는데 소작료를 내고 나면 남는 것이 얼마나 될지 모르겠소.

삼돌: 소작료는 우리가 수확한 것을 4등분 한 것 중 하나이니, 수확량이 많으면 우리에게도 떨어지는 것이 좀 있지 않겠소?

순복: 그렇지. 그래도 나라님이 이제 땅 없는 자에게는 세금을 걷지 않겠다고 하셨으니 얼마나 다행이오. 우리에게 말도 안 되는 것을 공납하라 하지 않고, 쌀로만 내도록 하니 그 또한 어찌나 다행인지……

삼돌, 만석: 맞소.

*소작농: 토지를 지주에게 빌려서 경작하는 농업인
*공납: 지방의 토산물(지역에서 특색 있게 나는 생산물)을 현물로 내는 세금 제도

1 글을 읽고 ☐ 안에 알맞은 말을 써넣으세요.

이 글은 조선 시대 ☐☐☐들의 농사짓기에 대해 이야기하고 있다.

2 소작농들의 어려움을 해결하기 위해서 나라에서 실시한 제도는? (   )

① 전시과 제도   ② 과전법   ③ 공전제
④ 대동법   ⑤ 직전법

3 이 글에 등장하는 소작농들은 김 진사네 땅의 얼마만큼씩을 받아 농사를 짓고 있습니까?

삼돌 (   )
순복 (   )
만석 (   )

4 이 글에 등장하는 소작농들은 각각 몇 명이 함께 농사를 짓는다고 했습니까?

삼돌 (   )
순복 (   )
만석 (   )

5 소작농 중 순복은 두 아들과 함께 땅을 똑같이 나누어 농사를 짓고 있습니다. 순복의 첫째 아들이 농사를 짓는 땅은 김 진사네 땅 전체의 얼마인가요?

(   )

03 각기둥

각기둥과 각뿔

각기둥

    와 같이 위와 아래에 있는 면이 서로 평행

하고 합동인 다각형으로 이루어진 입체도형을 각기둥이라고 합니다.

오른쪽 각기둥에서 면 ㄱㄴㄷ과 면 ㄹㅁㅂ과 같이 서로 평행하고 합동인 두 면을 밑면이라고 합니다. 이때 두 밑면은 나머지 면들과 모두 수직으로 만납니다.

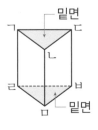

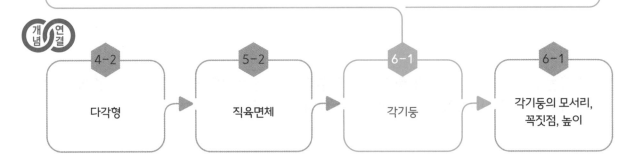

step 1 **30초 개념**

질문 ❶ ▶ 다음 입체도형 중 각기둥이 <u>아닌</u> 것을 찾고, 그 이유를 설명해 보세요.

가 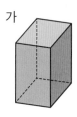   나 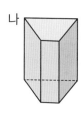   다    라 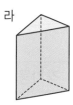   마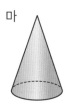

설명하기 ▷ 가, 나, 라는 각기둥이고, 다, 마는 각기둥이 아닙니다.
다는 위와 아래에 있는 면이 서로 평행하고 합동이지만 다각형으로 이루어지지 않았기 때문에 각기둥이 아닙니다.
마는 위 또는 아래에 면이 없기 때문에 각기둥이 아닙니다.

질문 ❷ ▶ 각기둥의 옆면의 모양과 개수를 설명해 보세요.

가 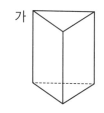   나 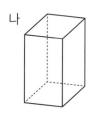   다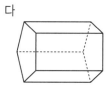

설명하기 ▷ 가 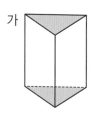   나 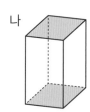   다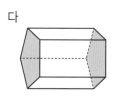

위 각기둥에서 색칠한 두 면은 서로 평행하고 합동이므로 밑면입니다.
나는 색칠한 두 면 말고 나머지 네 면도 두 면씩 서로 평행하고 합동이므로 밑면이라고 할 수 있습니다.
각기둥에서 두 밑면과 만나는 면을 옆면이라고 합니다.
각기둥 가는 옆면이 3개이며, 옆면은 모두 직사각형입니다.
각기둥 나는 옆면이 4개이며, 옆면은 모두 직사각형입니다.
각기둥 다는 옆면이 5개이며, 옆면은 모두 직사각형입니다.

1 다음 중 각기둥인 것과 각기둥이 <u>아닌</u> 것을 모두 찾아 기호를 써 보세요.

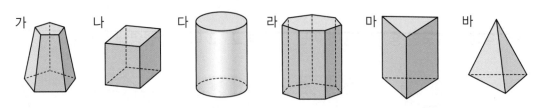

가 나 다 라 마 바

각기둥인 것	각기둥이 아닌 것

2 각기둥의 특징을 <u>잘못</u> 말한 것은? (   )

① 두 밑면은 서로 평행하고 합동입니다.
② 옆면이 모두 직사각형입니다.
③ 각기둥의 밑면은 1개입니다.
④ 각기둥의 밑면은 다각형입니다.
⑤ 두 밑면은 나머지 면들과 수직으로 만납니다.

3 각기둥의 밑면을 모두 찾아 색칠해 보세요.

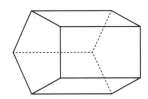

4 각기둥을 보고 옆면은 모두 몇 개인지 써 보세요.

(1)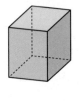

(   )

(2)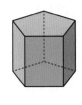

(   )

5 다음 각기둥의 밑면과 옆면을 모두 찾아 써 보세요.

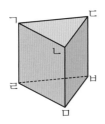

밑면	
옆면	

6 다음 각기둥의 옆면의 모양은 무엇인지 이름을 써 보세요.

 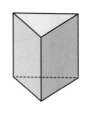 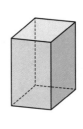

(   )

step **4** 도전 문제

7 다음 입체도형이 각기둥이 <u>아닌</u> 이유를 설명해 보세요.

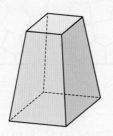

이유 _____

_____

8 친구들이 각기둥에 대해 말한 것입니다. 옳게 말한 친구의 이름을 모두 써 보세요.

> 봄: 각기둥의 두 밑면은 서로 평행하고 합동이야.
> 여름: 각기둥의 밑면은 하나야.
> 가을: 각기둥의 옆면은 모두 이등변삼각형이야.
> 겨울: 각기둥의 밑면은 옆면들과 모두 수직으로 만나.

(   )

주상절리에서 찾을 수 있는 각기둥

사람들은 건축물을 지을 때 기둥을 만들어서 건물을 지탱하게 한다. 이렇게 인간이 만든 기둥 말고 자연적으로 만들어진 기둥 모양이 있다. 기둥 모양으로 생긴 절리를 주상절리라고 하는데, 뜨거운 용암이나 화성쇄설물*이 급히 식으면서 기둥 모양의 암석으로 굳어진 지형을 말한다. 우리나라에서는 대표적으로 제주도 해안에서 높이 수십 미터짜리 각기둥이 겹겹이 포개어진 주상절리의 모습을 볼 수 있다.

▲ 제주 주상절리대 (출처: 공공누리)

이러한 주상절리의 윗부분에서는 특이한 다각형을 볼 수 있다. 주상절리의 윗부분은 보통 육각형이라고 알려져 있는데, 자세히 보면 사각형, 오각형 등으로 꼭 육각형만은 아니라는 것을 알 수 있다.

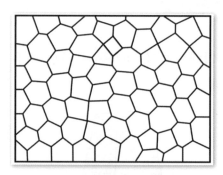

▲ 위에서 본 주상절리의 모습
(출처: 공공누리)

▲ 위에서 본 모습을 스케치한 것

주상절리를 위에서 본 모습을 스케치한 그림을 보자. 각 도형이 모두 하나의 기둥이 된다면 제주도의 주상절리와 같은 모습이 될 것임을 알 수 있다. 이렇게 의도하지 않았지만 그 속에 수학을 품고 있는 자연 현상이 많이 존재한다.

*절리: 마그마나 용암이 굳을 때 수축이 일어나면 암석에 틈이 생기고, 오랜 시간 동안 바람과 물의 작용으로 깎이다 보면 어느새 굵은 틈이 된다. 이러한 틈을 절리라고 한다.
*화성쇄설물: 화산 활동에 의해 화구로부터 분출되는 파편상의 고체 물질을 총칭하는 것

1 이 글에서 주상절리가 만들어지는 순서대로 기호를 써 보세요.

> ㉠ 용암이 분출됨   ㉡ 냉각에 의한 수축이 일어남   ㉢ 용암이 급격하게 식음

(   )

2 주상절리를 위에서 봤을 때 가장 많이 보이는 다각형의 이름을 써 보세요.

(   )

3 주상절리를 위에서 본 모습을 스케치한 것입니다. 표시한 다각형을 밑면으로 하는 각기둥의 이름을 써 보세요.

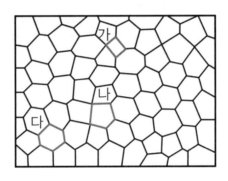

가 (   )
나 (   )
다 (   )

4 문제 **3**의 각기둥을 각각 그려 보세요.

가	나	다

step 1 30초 개념

• 각기둥은 밑면의 모양이 삼각형, 사각형, 오각형 …… 일 때 삼각기둥, 사각기둥, 오각기둥 …… 이라고 합니다.

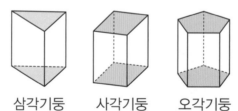

삼각기둥   사각기둥   오각기둥

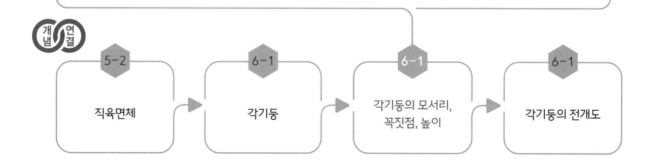

5-2	6-1	6-1	6-1
직육면체	각기둥	각기둥의 모서리, 꼭짓점, 높이	각기둥의 전개도

질문 ❶ 오각기둥에 모서리, 꼭짓점, 높이를 표시하고, 높이를 재는 방법을 설명해 보세요.

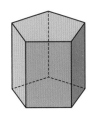

설명하기 각기둥에서 면과 면이 만나는 선분을 모서리, 모서리와 모서리가 만나는 점을 꼭짓점, 두 밑면 사이의 거리를 높이라고 합니다.
옆면의 모서리의 길이로 각기둥의 높이를 알 수 있습니다.

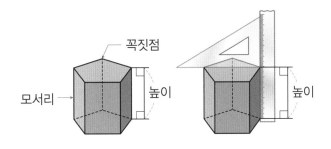

질문 ❷ 각기둥의 이름을 쓰고, 모서리, 꼭짓점, 면의 수를 써 보세요.

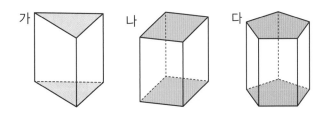

도형	각기둥의 이름	모서리의 수	꼭짓점의 수	면의 수
가	삼각기둥	9	6	5
나	사각기둥	12	8	6
다	오각기둥	15	10	7

1 밑면과 옆면이 다음과 같은 입체도형의 이름을 써 보세요.

	밑면	옆면
모양	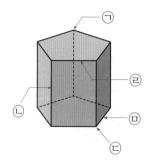	
수	2개	3개

(   )

2 ㉠~㉤ 중 꼭짓점을 모두 찾아 기호를 써 보세요.

(   )

3 그림을 보고 물음에 답하세요.

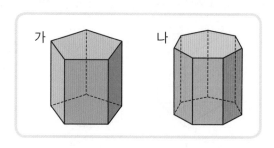

(1) 가와 나의 꼭짓점의 수의 차를 구해 보세요.

(   )

(2) 가와 나의 모서리의 수를 각각 써 보세요.

가 (   )

나 (   )

4 각기둥에 대한 설명으로 알맞은 것에 ○표, 틀린 것에 ×표 해 보세요.

(1) 육각기둥의 모서리의 수는 12개입니다. (   )

(2) 옆면이 3개인 각기둥은 사각기둥입니다. (   )

(3) 각기둥의 모서리의 수는 꼭짓점의 수보다 큽니다. (   )

(4) 오각기둥의 꼭짓점의 수는 10개입니다. (   )

5 주어진 설명에 알맞은 입체도형은 무엇인가요?

> • 옆면이 모두 직사각형입니다.
> • 꼭짓점이 14개입니다.
> • 모서리의 수는 21개입니다.
> • 두 밑면은 평행하고 서로 합동입니다.
> • 옆면이 두 밑면과 모두 수직으로 만납니다.

(   )

step 4 도전 문제

6 ㉠과 ㉡의 합을 구해 보세요.

> ㉠ 사각기둥의 면의 수
> ㉡ 칠각기둥의 꼭짓점의 수

(   )

7 조건 을 만족하는 사각기둥의 모서리의 길이의 합은 몇 cm인지 구해 보세요.

> **조건**
> • 모든 모서리의 길이가 같습니다.
> • 한 모서리의 길이는 4 cm입니다.

(   )

각기둥 모형 만들기*

*모형: 기존 또는 계획 예정인 대상의 입체적인 특성을 보여 주기 위해 실물을 본떠 만든 것

1 이 글에서 말한 각기둥을 만들 수 있는 재료가 <u>아닌</u> 것을 모두 고르세요. (   )

① 이쑤시개, 스티로폼 공   ② 색종이   ③ 자석 블록

④ 빨대   ⑤ 이쑤시개, 찰흙

2 이 글을 읽고 수학 교구의 연결 부위와 막대는 각각 각기둥의 구성 요소 중 어느 부분이 되는지 써 보세요.

연결 부위 (   )

막대 (   )

3 봄이가 만든 다음 입체도형의 이름을 순서대로 써 보세요.

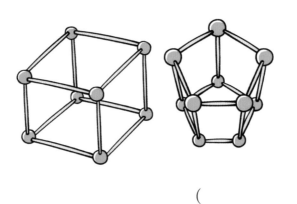

(,   )

4 빈칸에 각기둥의 밑면의 모양과 꼭짓점, 모서리의 수를 각각 써 보세요.

사각기둥	
밑면의 모양	
꼭짓점	
모서리	

오각기둥	
밑면의 모양	
꼭짓점	
모서리	

5 만약 구각기둥을 만든다면 연결 부위와 막대는 각각 몇 개가 필요할까요?

연결 부위 (   )

막대 (   )

---

step 1 30초 개념

• 그림과 같이 각기둥의 모서리를 잘라서 평면 위에 펼쳐 놓은 그림을 각기둥의 전개도 라고 합니다.

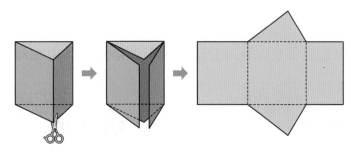

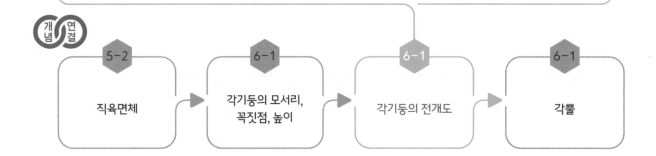

step ❷ 설명하기

질문 ❶ 사각기둥의 전개도를 그려 보세요.

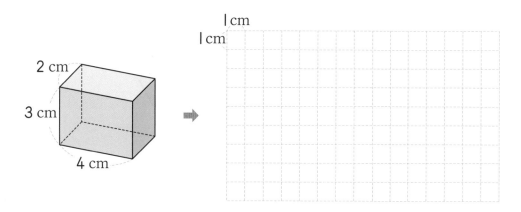

설명하기 모눈종이에 길이를 맞추어 사각기둥의 전개도를 정확하게 그릴 수 있습니다.

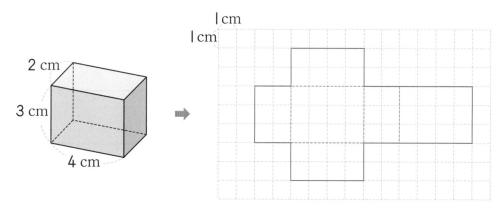

질문 ❷ 주어진 전개도를 접었을 때 각기둥이 만들어지는지 알아보고 이유를 설명해 보세요.

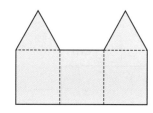

설명하기 밑면이 되는 면 2개가 같은 방향에 있으면 접었을 때 밑면이 서로 겹쳐져서 삼각기둥이 만들어지지 않습니다.

1 다음 전개도를 접으면 어떤 도형이 되나요?

(1)

(2)

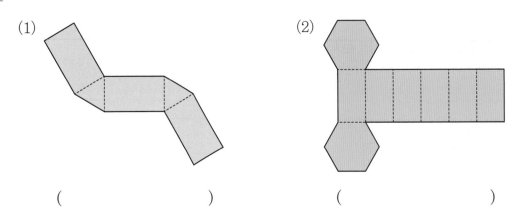

(   )   (   )

2 오각기둥의 전개도를 완성해 보세요.

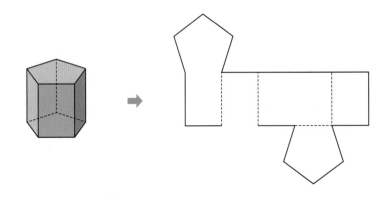

3 전개도를 접어서 오른쪽 사각기둥을 만들었습니다. ☐ 안에 알맞은 수를 써넣으세요.

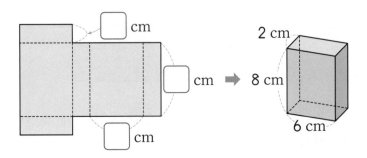

☐ cm

☐ cm

☐ cm

2 cm

8 cm

6 cm

4 전개도를 접었을 때 선분 ㅌㅋ과 맞닿는 선분을 찾아 써 보세요.

(   )

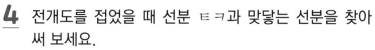

5 밑면이 다음과 같고, 높이가 3 cm인 각기둥의 전개도를 그려 보세요.

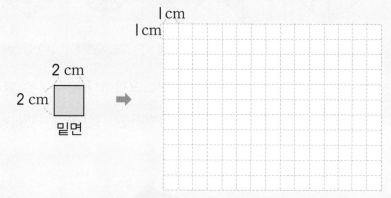

6 삼각기둥을 만들 수 <u>없는</u> 전개도를 모두 찾아 기호를 써 보세요.

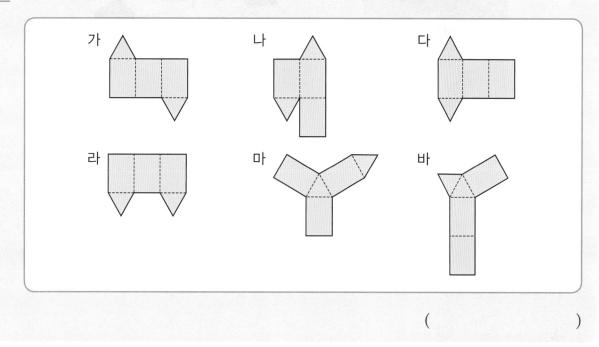

(   )

평면으로 입체를 만들다!

평면으로 어떻게 입체를 만들 수 있을까요? 우리는 종이로 입체를 만드는 활동을 많이 합니다. 한 장의 색종이를 접어 살아 있는 듯한 동물이나 식물을 접어 내기도 하고, 종이 한 장으로 자동차를 만들 수도 있어요. 종이를 접어 그림과 같이 입체도형을 만들기도 하지요.

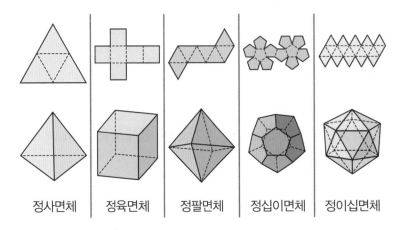

정사면체 정육면체 정팔면체 정십이면체 정이십면체

또 종이 한 장을 접어 먹음직스러워 보이는 아이스크림이나 축구공을 만들어 내기도 합니다. 이렇게 입체를 만들어 내기 위해서 처음에 주어지는 기본적인 그림을 무엇이라고 할까요?

이런 기본 도안[*]이 되는 것을 전개도라고 부릅니다. 전개도는 3차원 입체도형을 펼쳐서 평면에 나타낸 그림이에요. 따라서 모든 전개도는 2차원이 되고, 2차원인 전개도를 접으면 3차원인 입체가 만들어지지요.

여러분도 2차원이 3차원이 되는 마법 같은 일을 경험해 보세요.

＊**도안**: 그림을 설계하여 나타낸 것

1 이 글의 중심 내용을 간략히 써 보세요.

_____

2 다음 중 ☐ 안에 알맞은 말과 관련된 내용이 <u>아닌</u> 것은? (   )

> 2차원의 평면으로 ☐☐도형을 만들 수 있다.

① 우리는 한 장의 종이를 접어 동식물을 만들어 낸다.
② 한 장의 종이로는 자동차 같은 것을 만들 수 없다.
③ 종이로 아이스크림이나 축구공을 만들 수도 있다.
④ 3차원을 만들기 위한 2차원의 기본 도안을 전개도라고 한다.
⑤ 종이 한 장으로 다양한 입체도형을 접을 수 있다.

3 관계있는 것끼리 선으로 이어 보세요.

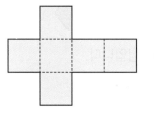   ·

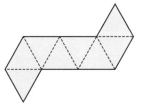   ·

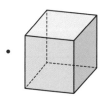

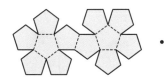   ·

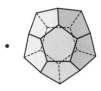

step 1 30초 개념

• 다음과 같은 입체도형을 각뿔이라고 합니다.

각뿔은 뿔 모양이고 옆을 둘러싼 모양이 모두 삼각형입니다.

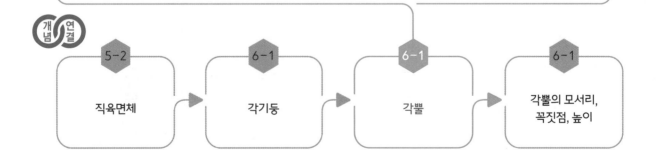

5-2	6-1	6-1	6-1
직육면체	각기둥	각뿔	각뿔의 모서리, 꼭짓점, 높이

step 2 설명하기

질문 ❶ 각뿔의 밑면과 옆면을 찾아 색칠해 보세요.

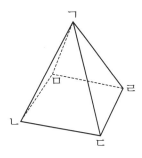

설명하기 각뿔에서 면 ㄴㄷㄹㅁ과 같은 면을 밑면이라 하고,
면 ㄱㄴㄷ, 면 ㄱㄷㄹ, 면 ㄱㄹㅁ, 면 ㄱㄴㅁ과 같이 밑면
과 만나는 면을 옆면이라고 합니다.

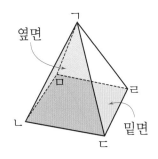

질문 ❷ 각뿔의 밑면과 옆면을 빈칸에 알맞게 써넣으세요.

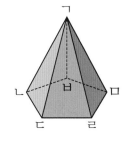

밑면	
옆면	

설명하기

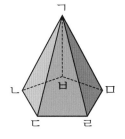

밑면	면 ㅂㄴㄷㄹㅁ
옆면	면 ㄱㄴㄷ, 면 ㄱㄷㄹ, 면 ㄱㄹㅁ, 면 ㄱㅁㅂ, 면 ㄱㅂㄴ

1 다음 중 각뿔인 것은? (   )

①

②

③

④

⑤

2 각뿔을 보고 ☐ 안에 알맞은 말을 써넣으세요.

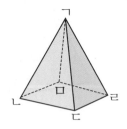

각뿔에서 면 ㄴㄷㄹㅁ과 같은 면을 ☐이라 하고, 면 ㄱㄴㄷ과 같이 밑면과 만나는 면을 ☐이라고 합니다.

3 각뿔의 밑면을 찾아 색칠해 보세요.

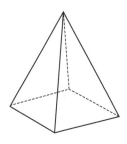

4 각뿔의 특징에 대해 <u>잘못</u> 설명한 사람은? (   )

① 은하: 각뿔의 옆면은 모두 삼각형이야.

② 하늘: 각뿔의 밑면은 1개야.

③ 우주: 각뿔의 밑면은 다각형이야.

④ 바다: 각뿔의 밑면은 2개야.

⑤ 산이: 각뿔의 옆면은 3개 이상이야.

5 각뿔의 옆면의 수를 찾아 선으로 이어 보세요.

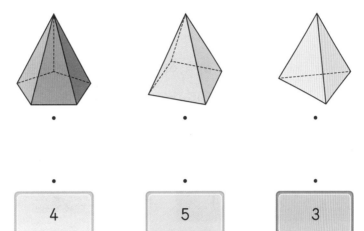

·   ·   ·

·   ·   ·

| 4 | | 5 | | 3 |

step **4** 도전 문제

6 입체도형을 보고 표를 완성해 보세요.

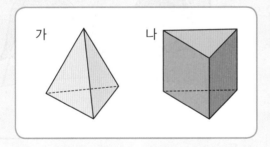

가   나

입체도형	가	나
밑면의 모양		
옆면의 모양		직사각형
밑면의 수		

7 오른쪽 입체도형이 각뿔이 <u>아닌</u> 이유를 설명해 보세요.

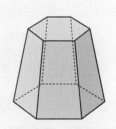

이유

피라미드 모양은 왜?

피라미드(pyramid)는 돌이나 벽돌 등을 층층이 쌓아 만든 뿔 형상의 거대 구조물을 총칭하는 말이다. 피라미드가 세워진 이유에 대해서는 여러 의견이 있지만, 일반적으로는 왕의 무덤이었던 것으로 여겨진다. 피라미드라고 하면 이집트에만 있는 것으로 생각하는 사람도 많은데, 다음과 같이 지구촌 여러 곳곳에서 피라미드를 볼 수 있다.

▲ 수단

▲ 이집트

▲ 스페인령 카나리아 제도의
테네리페 섬

▲ 멕시코 마야 신제국의
도시였던 치첸이트사

이집트의 피라미드는 파라오(왕)가 죽어서 내세로 가는 통로 역할을 했고, 그 높이가 높을수록 파라오의 권위를 높이는 상징물로 여겨졌다. 그런데 철근으로 만들어진 건축물과 다르게 돌로 만들어진 피라미드는 그 경사가 너무 급하면 쉽게 무너질 수 있다. 잘 건조된 가는 모래를 탁자 위에 조금씩 떨어트리면 모래 산이 점점

높이 쌓이는데, 가장 높이 쌓였을 때 산의 기울기가 51°쯤 되는 것으로 볼 때, 안정성을 유지하며 높이 쌓는 데는 51°의 경사가 가장 적합하다.

이 각도로 피라미드를 만들 때 안정성을 가장 잘 지킬 수 있고, 이러한 안정성을 이유로 피라미드 모양도 뿔의 형태가 되었을 것으로 추측할 수 있다. 현대 건축물 중 전 세계에서 가장 높은 부르즈 칼리파나 우리나라에서 가장 높은 롯데월드타워 역시 뿔의 형태로 되어 있다.

＊총칭: 전부를 한데 모아 두루 일컬음.
＊내세: 불교에서 말하는 세상의 하나로, 죽은 뒤에 가서 태어나 산다는 미래의 세상

1 이 글에서 말한 피라미드가 발견된 나라가 <u>아닌</u> 곳은? (   )

① 수단   ② 이집트   ③ 멕시코   ④ 칠레   ⑤ 스페인

2 이집트에서 피라미드의 역할은 무엇이었는지 빈칸에 알맞은 말을 써 보세요.

왕이 죽어 ☐☐로 가는 통로

3 다음 피라미드와 같은 입체도형의 이름을 써 보세요.

(   )

4 이 글에서 높은 건물의 모양이 뿔의 형태로 되어 있는 이유를 찾아 써 보세요.

이유

5 두 건축물의 공통점과 차이점을 찾아 써 보세요.

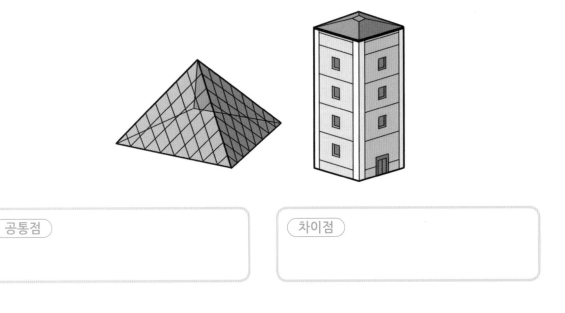

공통점

차이점

step 1 30초 개념

• 각뿔은 밑면의 모양이 삼각형, 사각형, 오각형 …… 일 때 삼각뿔, 사각뿔, 오각뿔 …… 이라고 합니다

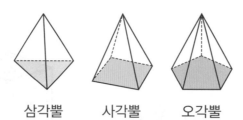

삼각뿔   사각뿔   오각뿔

개념 연결

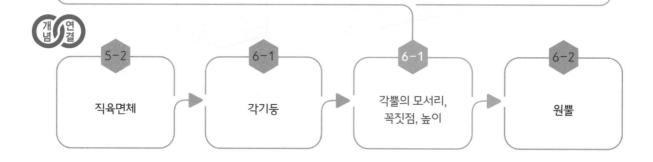

5-2	6-1	6-1	6-2
직육면체	각기둥	각뿔의 모서리, 꼭짓점, 높이	원뿔

step 2 설명하기

질문 ❶ 사각뿔에 모서리, 꼭짓점, 높이를 표시하고, 높이를 재는 방법을 설명해 보세요.

설명하기 각뿔에서 면과 면이 만나는 선분을 모서리라 하고, 모서리와 모서리가 만나는 점을 꼭짓점이라고 합니다. 꼭짓점 중에서도 옆면이 모두 만나는 점을 각뿔의 꼭짓점이라 하고, 각뿔의 꼭짓점에서 밑면에 수직인 선분의 길이를 높이라고 합니다. 각뿔의 높이를 잴 때 자와 삼각자의 직각을 이용하면 정확하고 쉽게 잴 수 있습니다.

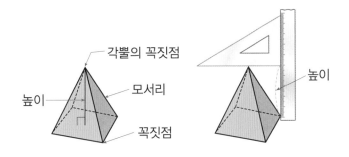

질문 ❷ 각뿔의 이름을 쓰고, 모서리, 꼭짓점, 면의 수를 세어 보세요.

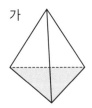 가   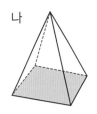 나   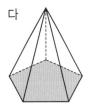 다

설명하기

도형	각뿔의 이름	모서리의 수	꼭짓점의 수	면의 수
가	삼각뿔	6	4	4
나	사각뿔	8	5	5
다	오각뿔	10	6	6

1 각뿔을 보고 물음에 답하세요.

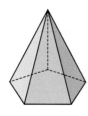

(1) 밑면의 모양을 써 보세요.

(   )

(2) 각뿔의 이름을 써 보세요.

(   )

2 각뿔을 보고 옆면과 밑면은 각각 몇 개인지 써 보세요.

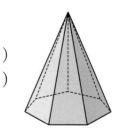

옆면 (   )
밑면 (   )

3 각뿔의 이름을 찾아 선으로 이어 보세요.

·   ·   ·

·   ·   ·

칠각뿔   오각뿔   육각뿔

4 각뿔에 대한 설명으로 맞는 것에 ○표, 틀린 것에 ×표 해 보세요.

(1) 육각뿔의 모서리의 수는 10개입니다. (   )

(2) 옆면이 3개인 각뿔은 사각뿔입니다. (   )

(3) 각뿔에서 옆면과 옆면이 만나는 선분은 높이입니다. (   )

(4) 각뿔의 면의 수와 꼭짓점의 수는 같습니다. (   )

5 물음에 답하세요.

    (1) 오각뿔의 꼭짓점의 수는 몇 개인가요?   (   )

    (2) 구각뿔의 면의 수는 몇 개인가요?   (   )

    (3) 삼각뿔의 모서리의 수는 몇 개인가요?   (   )

6 다음에서 설명하는 각뿔의 이름은 무엇인가요?

> • 면이 7개입니다.
> • 모서리는 12개입니다.
> • 밑면은 1개, 옆면은 6개입니다.

                                             (   )

step **4** 도전 문제

7 육각뿔과 칠각뿔의 모서리의 수의 합을 구해 보세요.

> (풀이 과정)

                                             (   )

8 조건 을 모두 만족하는 입체도형의 이름을 써 보세요.

> 조건
> • 밑면의 모양은 다각형이고, 밑면은 1개입니다.
> • 옆면이 모두 삼각형입니다.
> • 꼭짓점과 면의 수를 합하면 18개입니다.

                                             (   )

어초(魚礁)

　여러분은 어초에 대해 들어 본 적이 있나요? 어초는 물고기들이 모여들고 번식하는 바닷속 공간을 말해요. 1971년 처음으로 인공 어초 설치 사업이 시작되었어요. 수심 20~40 m에 블록, 돌 및 낡은 배 등을 투입하여 수산 생물의 서식장을 만들었던 것이지요. 초기에는 불법 어업 방지가 목적이었는데, 1980년 이후부터는 자원 조성을 위해 설치되었고, 최근에는 바다낚시, 스킨스쿠버 등과 같은 해양 레저 공간 등 다목적[*]으로 활용되고 있어요.

▲ **어초** (출처: 수중 사진작가 김기준)

　인공 어초의 자재로는 시멘트 구조물이 주로 많이 사용되고, 활석이나 흙을 채운 가마니, 나무, 토관, 폐선 등 여러 가지가 이용돼요. 그리고 다양한 모양으로 만들어지지요.

가

　특히 삼각뿔 모양 어초는 그 효과가 이미 입증[*]된 바 있어요. 2005년 국립수산과학원 서해수산연구소는 2004년 9월부터 2005년 10월까지 경기도 화성시 국화도 해역에서 삼각뿔 어초에 대해 조사한 뒤, 그 효과를 발표했어요. 삼각뿔 형태의 어초는 다른 어초와 다르게, 조류가 빠르고 풍파[*]가 강하여 지반 변동이 심한 곳에서도 쉽게 위치가 변하지 않아요. 또 어떠한 방향으로 설치하더라도 방향이 같아서 설치가 용이하지요. 이 밖에 단위 부피당 해조류 및 부착 생물이 붙을 수 있는 면적이 넓고, 네 모서리의 상자형 구조물이 내구성을 증가시킬 뿐 아니라 24개의 방과 공간이 패류의 은신처를 제공함으로써 우리에게 유용한 생물의 안정된 서식 공간으로 최고라고 해요. 2021년에는 동해안 앞바다에도 강원도 양양군의 대표 생산 어종인 문어의 자원량 회복을 위한 문어 산란장 조성을 목적으로 이러한 모양의 인공 어초를 설치했다고 합니다.

* **다목적**: 여러 가지 목적
* **입증**: 어떤 증거를 내세워 증명함.
* **풍파**: 세찬 바람과 험한 물결을 아울러 이르는 말

1 어초에 대한 설명으로 바른 것은? (   )

① 수심 10~20 m에 설치한다.
② 인공 어초 설치 사업은 1981년에 시작되었다.
③ 초기에는 불법 어업 방지를 위해 설치되었다.
④ 자재는 여러 가지를 사용하는데 주로 많이 사용되는 것은 활석이나 나무이다.
⑤ 현재까지도 불법 어업 방지를 위해 사용되고 있다.

2 '가'와 같은 어초의 효과성으로 적절치 않은 것은? (   )

① 조류가 빠르고 풍파가 강하여 지반 변동이 심한 곳에서도 위치가 잘 변하지 않는다.
② 어떤 방향으로 설치하더라도 방향이 같아 설치가 쉽다.
③ 단위 부피당 부착 면적이 넓어서 생물들이 많이 붙을 수 있다.
④ 30개의 방과 공간이 존재하여 패류의 은신처가 된다.
⑤ 네 모서리의 상자형 구조물 덕분에 내구성이 강하다.

3 ㉠, ㉡과 같은 입체도형의 이름을 써 보세요.

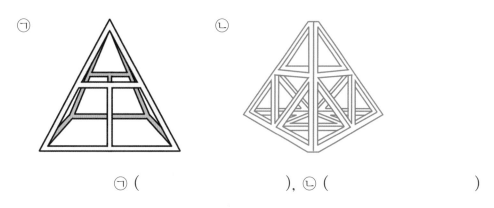

㉠ (   ), ㉡ (   )

4 어초 중에는 다음과 같은 각뿔 모양의 어초도 있습니다. 어떤 입체도형인지 이름을 써 보세요.

(   )

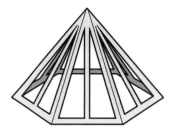

08

소수의 나눗셈

● 자연수의 나눗셈을 이용하여 (소수) ÷ (자연수) 계산하기

step 1 **30초 개념**

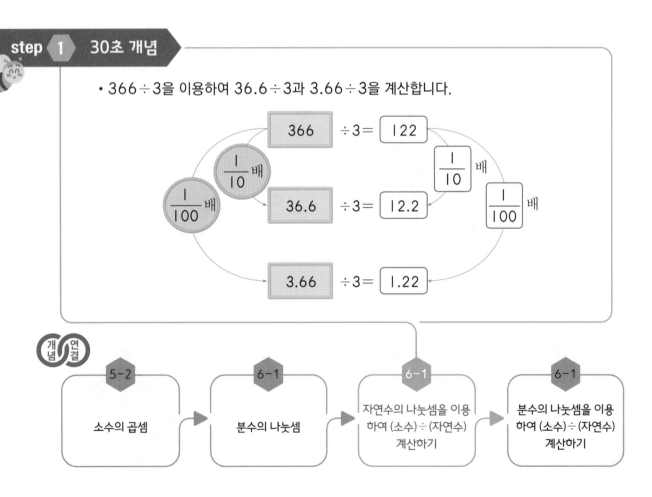

• 366÷3을 이용하여 36.6÷3과 3.66÷3을 계산합니다.

step 2 설명하기

질문 ❶ 　끈 36.6 cm를 3명이 똑같이 나누어 가질 때 한 명이 끈 몇 cm를 가질 수 있는지
　　　　1 cm=10 mm임을 이용하여 구해 보세요.

설명하기 〉 한 명이 가지는 끈의 길이는 36.6÷3으로 계산합니다.
　　　　1 cm=10 mm임을 이용하면 36.6 cm=366 mm입니다.
　　　　366÷3=122이므로 한 명이 가질 수 있는 끈의 길이는 122 mm이고 이것은
　　　　12.2 cm와 같습니다.

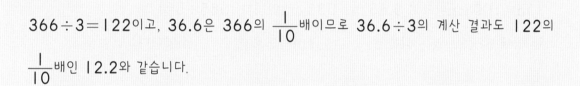

366÷3=122이고, 36.6은 366의 $\frac{1}{10}$배이므로 36.6÷3의 계산 결과도 122의

$\frac{1}{10}$배인 12.2와 같습니다.

질문 ❷ 　리본 3.66 m를 3명이 똑같이 나누어 가질 때 한 명이 리본 몇 m를 가질 수 있는지
　　　　1 m=100 cm임을 이용하여 구해 보세요.

설명하기 〉 한 명이 가지는 리본의 길이는 3.66÷3으로 계산합니다.
　　　　1 m=100 cm임을 이용하면 3.66 m=366 cm입니다.
　　　　366÷3=122이므로 한 명이 가질 수 있는 리본의 길이는 122 cm이고 이것
　　　　은 1.22 m와 같습니다.

366÷3=122이고, 3.66은 366의 $\frac{1}{100}$배이므로 3.66÷3의 계산 결과도 122의

$\frac{1}{100}$배인 1.22와 같습니다.

[1~2] 글을 보고 ☐ 안에 알맞은 수를 써넣으세요.

1

> 끈 32.6 cm를 2명에게 똑같이 나누어 주려고 합니다.
> 1 cm=10 mm이므로 32.6 cm=326 mm입니다. 326÷2=☐,
> 한 명에게 줄 수 있는 끈은 ☐ mm이므로 ☐ cm입니다.

2

> 리본 5.85 m를 5명에게 똑같이 나누어 주려고 합니다.
> 1 m=100 cm이므로 5.85 m=585 cm입니다. 585÷5=☐,
> 한 명에게 줄 수 있는 리본은 ☐ cm이므로 ☐ m입니다.

3 ☐ 안에 알맞은 수를 써넣으세요.

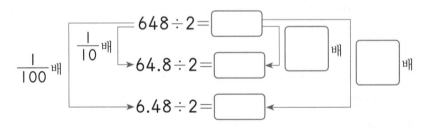

4 자연수의 나눗셈을 이용하여 소수의 나눗셈을 해 보세요.

(1) 528÷2=264

52.8÷2=☐

5.28÷2=☐

(2) 963÷3=321

96.3÷3=☐

9.63÷3=☐

5 □ 안에 알맞은 수를 써넣으세요.

(1) $384 \div 3 = $ □

□ $\div 3 = 12.8$

□ $\div 3 = 1.28$

(2) $752 \div 4 = $ □

□ $\div 4 = 18.8$

□ $\div 4 = 1.88$

6 □ 안에 알맞은 수를 써넣으세요.

$\frac{1}{100}$배

$4335 \div 5 = $ □ $43.35 \div 5 = $ □

$\frac{1}{100}$배

step 4 도전 문제

7 끈 46.2 m를 3명에게 똑같이 나누어 주려고 합니다. 한 사람이 가지게 될 끈은 몇 m인가요?

(   )

8 둘레가 36.4 cm인 정사각형의 한 변의 길이는 몇 cm인가요?

(   )

미라클 탐험대의 우주 여행

미라클 탐험대는 지금 우주를 여행하는 중이다. 장 선장을 필두로 으뜸이와 향기, 로봇 삐뽀가 태양계의 여러 행성을 탐사하면서 지구와 다른 행성의 환경을 비교하고, 각 행성의 특징을 살펴보며 혹시나 생물이 살고 있는지 알아보고 있는 것이다.

"자, 오늘은 어느 행성으로 가 볼까?" 장 선장이 말했다. 그 순간, 향기가 말했다.

"아악! 몸무게가 너무 많이 늘었어. 40 kg이 넘다니! 지구에서는 36.6 kg이었다고!"

으뜸이가 향기의 말에 한심하다는 듯 대답했다.

"여긴 토성이니까 지구보다 중력이 세다고. 지구와 비슷하긴 하지만 토성의 중력은 지구의 107 %이기 때문에 몸무게가 더 무겁게 측정되는 거야."

"그래? 중력이 더 약한 곳으로 빨리 가자. 그래야 몸무게가 줄어들지. 삐뽀, 어서 초고속 추진 장치를 작동시켜!"

향기의 말에 삐뽀가 초고속 추진 장치를 작동시켰다. 소란스러운 소리를 듣고 있던 장 선장이 말했다.

"음, 몸무게가 더 적게 나올 곳을 찾는 건가?"

"네, 선장님. 지구보다 더 중력이 작은 곳으로 가 주세요."
향기가 말했다.

"그럼 중력이 가장 작은 행성으로 가 볼까?"

장 선장이 말하자 삐뽀가 대답했다.

"삐리삐리, 지구보다 중력이 작은 곳으로는······ 달과 화성이 있습니다. 목성은 지구 중력의 236 %나 되고, 태양은 무려 2798 %입니다. 달은 지구 중력의 16 %이고, 화성은 37 %이기 때문에 달 근처로 가는 것이 가장 좋겠습니다."

"역시 삐뽀의 정보력은 최고야!"

으뜸이가 말했다. 장 선장은 초고속 추진 장치를 작동시켜 달 근처로 우주선을 이동시켰다.

"자, 이제 몸무게가 얼마야?" 으뜸이가 향기에게 물었다.

"와! 지구에서 잰 몸무게가 달에서 잰 몸무게의 6배나 되는데?"

"그래? 중력의 힘이란 정말 대단하구나!" 으뜸이가 깜짝 놀라 말했다.

*필두: 나열하여 적거나 말할 때 맨 처음에 오는 사람이나 단체
*탐사: 알려지지 않은 사물이나 사실 따위를 샅샅이 더듬어 조사하는 것

1 미라클 탐험대의 우주 탐험 목적을 모두 고르세요. (　　　　　)

① 여러 행성의 환경을 비교하기 위해서
② 돈을 벌기 위해서
③ 행성에 생물이 살고 있는지 알아보기 위해서
④ 우주 쓰레기를 치우기 위해서
⑤ 우주 괴물을 무찌르기 위해서

2 다음 중 지구 중력을 100 %라고 했을 때, 각 행성과 행성의 중력이 몇 %인지 바르게 연결된 것은? (　　　　　)

① 태양 — 2780 %　　② 목성 — 263 %　　③ 토성 — 107 %
④ 화성 — 16 %　　⑤ 달 — 37 %

3 달에서 향기의 몸무게를 구하려고 합니다. 물음에 답하세요.

(1) 지구에서 향기의 몸무게는 얼마였나요?　　　　　(　　　　　　　　　)

(2) 지구에서의 몸무게는 달에서의 몸무게의 몇 배입니까?　(　　　　　　　　　)

(3) 달에서 향기의 몸무게는 몇 kg인지 구해 보세요.

식 _____

답 _____

4 지구에서의 몸무게가 어떤 행성에서의 몸무게의 3배라고 합니다. 어떤 행성에서 향기의 몸무게는 얼마인지 식을 세워 구해 보세요.

식 _____

답 _____

5 으뜸이의 지구에서의 몸무게가 56.4 kg일 때 달에서의 몸무게를 구해 보세요.

(　　　　　　　　　　　)

- (소수) ÷ (자연수)의 계산에서 소수를 분수로 바꾸면 (분수) ÷ (자연수)와 같이 분수
  의 나눗셈으로 계산할 수 있습니다.
  ① 분자가 자연수의 배수일 때는 분자를 자연수로 나눕니다.
  ② 분자가 자연수의 배수가 아닐 때는 크기가 같은 분수 중에 분자가 자연수의 배수인
    수로 바꾸어 계산합니다.

※ 계산 결과를 다시 소수로 바꾸어 쓸 수 있습니다.

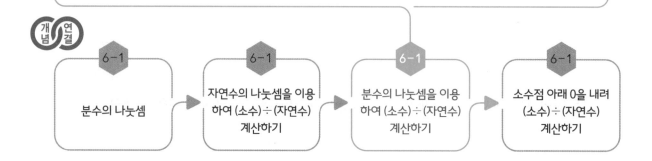

step 2　설명하기

질문 ❶　15.24÷4를 분수의 나눗셈으로 바꾸어 계산해 보세요.

설명하기　$15.24 = \dfrac{1524}{100}$ 이므로

$$15.24 \div 4 = \dfrac{1524}{100} \div 4 = \dfrac{1524 \div 4}{100} = \dfrac{381}{100}$$

계산 결과를 다시 소수로 바꾸면 3.81이므로

$$15.24 \div 4 = 3.81$$

질문 ❷　2526÷3을 이용하여 25.26÷3을 계산해 보세요.

설명하기

```
      8 4 2
3 ) 2 5 2 6
    2 4
      1 2
      1 2
          6
          6
          0
```
⇒
```
      8.4 2
3 ) 2 5.2 6
    2 4
      1 2
      1 2
          6
          6
          0
```

몫의 소수점은 나누어지는 수의 소수점을 올려 찍습니다.

1 ☐ 안에 알맞은 수를 써넣으세요.

$$52.84 \div 4 = \frac{\boxed{}}{100} \div 4 = \frac{\boxed{} \div \boxed{}}{100} = \frac{\boxed{}}{100} = \boxed{}$$

2 42.6÷3을 계산한 식입니다. 알맞은 위치에 소수점을 찍어 보세요.

```
      1 ◯ 4 ◯ 2
  3 ) 4   2 . 6
      3
    ─────────
      1   2
      1   2
    ─────────
              6
              6
    ─────────
              0
```

3 분수의 나눗셈으로 바꾸어 계산해 보세요.

(1) 94.2÷3   (2) 4.92÷4

4 계산해 보세요.

(1)
```
  3 ) 3 . 1  8
```

(2)
```
  2 ) 0 . 8  8
```

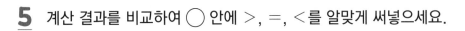

5 계산 결과를 비교하여 ◯ 안에 >, =, <를 알맞게 써넣으세요.

(1) 32.1÷3 ◯ 48.6÷6

(2) 10.05÷5 ◯ 25.2÷6

6 작은 수를 큰 수로 나눈 몫을 구해 보세요.

| 6 | 4.62 |

(   )

step **4** 도전 문제

7 주스 2.58 L를 3개의 컵에 똑같이 나누어 담으려고 합니다. 컵 한 개에 담을 수 있는 주스는 몇 L인지 2가지 방법으로 계산해 보세요.

방법 1

방법 2

(   )

8 페인트 18.4 L를 모두 사용하여 가로 4 m, 세로 2 m인 직사각형 모양의 벽을 칠했습니다. 1 m²의 벽을 칠하는 데 사용한 페인트는 몇 L인가요?

(   )

아내를 너무 사랑한 한 왕의 이야기

오늘도 5시간에 걸쳐서 이 낯선 땅을 걸었다. 25.65 km는 걸은 것 같다. 여기 인도는 우리의 일반적인 상식이 통하지 않는 곳이라 여행하면서 당황스러울 때도 많지만 도전을 좋아하는 여행자들에게는 굉장히 흥미로운 여행지이기도 하다.

▲ 타지마할

인도에는 아그라의 타지마할, 델리의 붉은 성, 암리차르 황금 사원, 바라나시 갠지스 강 등 여러 유명한 여행지들이 있다. 그중에서 내가 제일 가보고 싶었던 곳은 엄청난 규모의 무덤인 타지마할이었다. 타지마할은 세계 7대 불가사의 중 하나로 불리는데, 무굴 제국의 5대 황제인 샤자한이 먼저 사망한 아내를 위해서 만든 무덤이다. 샤자한이 현명하고 지혜로운 두 번째 아내를 평소 극진하게 사랑하여, 2만 명의 인원을 동원해서 22년간 만들어낸 것이라고 한다.

▲ 대문의 캘리그라피

타지마할의 대문 위에 쓰여 있는 구절(캘리그래피)은 "영혼이여, 예술을 통해 평안을 얻으라, 주님께 돌아가 안식을 얻으라, 그리고 그분과 함께 평화를 얻으리라"라는 뜻이라고 한다. 왕비가 편안히 잠들기를 바랐던 것이다. 하지만 이렇게 아름다운 타지마할이 완공되었음에도 왕비에 대한 그의 그리움은 더해 갔고 중병에 걸려 정사를 돌보기도 힘들게 되었다. 설상가상으로 셋째 아들 아우랑제브가 국고 탕진을 구실로 반란을 일으켰고, 나머지 형제를 모두 죽이고 아버지를 타지마할에서 2 km 정도 떨어진 아그라 성에 가두어버렸다. 아들에 의해 유폐된 샤자한은 타지마할을 지척에 두고도 8년간이나 가 보지 못하고 안타깝게 바라만 보며 그곳에 묻힌 아내를 그리워하다가 숨을 거두었고, 죽은 후에야 비로소 그 곁에 묻힐 수 있었다.

*탕진: 재물 따위를 다 써서 없앰.
*지척: 아주 가까운 거리

1 이 글의 종류는? (   )

① 광고하는 글   ② 여행하면서 쓴 글
③ 뉴스 기사   ④ 주장하는 글
⑤ 설명하는 글

2 타지마할에 관한 이야기와 관련이 <u>없는</u> 것은? (   )

① 왕이 두 번째 아내를 위해 만든 건축물이다.
② 왕은 사랑하는 아내를 위한 무덤으로 타지마할을 지었다.
③ 22년간 2만 명의 사람이 이 건축물을 만드는 데 동원되었다.
④ 건축물이 지어진 후, 왕은 왕비를 기리며 나라를 잘 돌보았다.
⑤ 세계 7대 불가사의 중 하나이다.

3 글쓴이는 오늘 한 시간 동안 몇 km를 걸었는지 구해 보세요.

식 _____

답 _____

4 다음은 캘리그래피가 쓰여 있는 타지마할 대문의 모습입니다. 물음에 답하세요.

(1) 대문 옆의 기둥은 몇 개의 낮은 기둥이 쌓여서 만들어진 것
인가요?

(   )

(2) 만약 이 기둥 전체의 높이가 42.84 m라면 낮은 기둥 하
나의 높이는 몇 m인지 구해 보세요. (단, 모든 낮은 기둥
의 높이는 같습니다.)

(   )

10
소수의 나눗셈

소수점 아래 0을 내려 (소수) ÷ (자연수) 계산하기

step 1 **30초 개념**

- (소수)÷(자연수)의 계산에서 나누어떨어지지 않을 경우 소수점 아래 0을 내려 계산합니다.

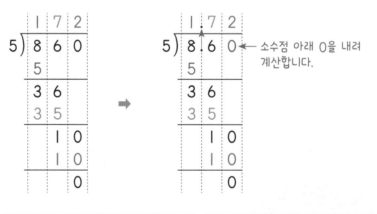

소수점 아래 0을 내려 계산합니다.

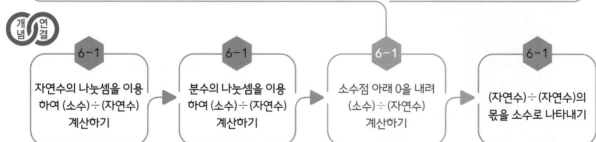

6-1	6-1	6-1	6-1
자연수의 나눗셈을 이용하여 (소수)÷(자연수) 계산하기	분수의 나눗셈을 이용하여 (소수)÷(자연수) 계산하기	소수점 아래 0을 내려 (소수)÷(자연수) 계산하기	(자연수)÷(자연수)의 몫을 소수로 나타내기

step 2 설명하기

질문 ❶ 2.5÷2를 분수의 나눗셈으로 바꾸어 계산해 보세요.

설명하기 $2.5=\dfrac{25}{10}$이므로

$$2.5÷2=\dfrac{25}{10}÷2$$

25가 2의 배수가 아니므로

$$2.5÷2=\dfrac{25}{10}÷2=\dfrac{250}{100}÷2=\dfrac{250÷2}{100}=\dfrac{125}{100}$$

계산 결과를 다시 소수로 바꾸면 1.25이므로

$$2.5÷2=1.25$$

질문 ❷ 860÷5를 이용하여 8.6÷5를 계산해 보세요.

설명하기

```
      1 7 2              1.7 2
  5 ) 8 6 0          5 ) 8.6 0
      5                  5
      3 6                3 6
      3 5                3 5
        1 0                1 0
        1 0                1 0
            0                  0
```

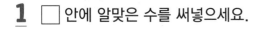

1 ☐ 안에 알맞은 수를 써넣으세요.

$$4.35 \div 6 = \frac{435}{\boxed{}} \div 6 = \frac{4350}{\boxed{}} \div 6 = \frac{4350 \div 6}{\boxed{}} = \frac{\boxed{}}{\boxed{}} = \boxed{}$$

2 분수의 나눗셈으로 바꾸어 계산해 보세요.

(1) $5.88 \div 8$　　　　　　　　　　　(2) $0.98 \div 4$

3 계산해 보세요.

(1)

$$5 \overline{)3.4\ 8}$$

(2)

$$4 \overline{)0.5\ 8}$$

4 다음 중 가장 큰 수를 가장 작은 수로 나누었을 때의 몫을 구해 보세요.

| 6.43 | 6 | 5.72 | 5 | 7.03 |

(　　　　　　　　　)

5 나눗셈의 몫이 1.5보다 크고 2보다 작은 것을 찾아 ○표 해 보세요.

| $2.91 \div 2$ | $6.81 \div 6$ | $7.81 \div 5$ |

6 관계있는 것끼리 선으로 이어 보세요.

20.14÷4	30.3÷6	25.2÷5

5.05	5.035	5.04

step **4** 도전 문제

7 다음 계산에서 <u>잘못된</u> 곳을 찾아 바르게 계산해 보세요.

```
      8. 5 5
  4 ) 3. 4 2 0
      3 2
        2 2
        2 0
          2 0
          2 0
            0
```

➡

```
  4 ) 3. 4 2
```

8 밑변이 4 cm인 삼각형의 넓이가 2.3 cm²일 때 높이는 몇 cm인지 풀이 과정을 쓰고 답을 구해 보세요.

(풀이 과정)

(   )

태양광 발전, 새로운 국면을 맞이하다
가정이 발전소가 되는 시대

energy 뉴스 에너지 기자 energy@news.co.kr

유난히 더운 날씨에 에어컨을 끄지 못하고 하루 종일 트는 가정이 많다. 하지만 그러다 보면 높은 전기 요금 때문에 불안한 마음이 드는 것이 사실이다. 특히 우리나라는 주택용 전기 요금에 누진세를 적용하므로 전기 사용량이 증가하면 어느 기점으로* 훨씬 더 높은 전기세를 내야 한다. 이에 많은 사람이 태양광 집열판 설치에 관심을 갖게 되었다.

 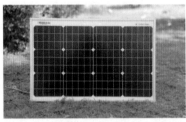 

태양광 시스템은 다른 신재생 에너지* 설비에 비해 설치가 간단하고 저가에 공급되고 있어 현재 보급률이 높은 상태이다.

요즘 나오는 태양광 집열판 중 베란다에 설치하는 베란다형의 경우, 전기 생산이 가능한 시간은 하루 3시간이 넘는 약 3.2시간이고 한 달에 32.1 kWh의 전기를 생산한다. 예를 들어, 한 달에 306 kWh를 사용하고 전기 요금 57,050원을 내는 가정에서 베란다형 태양광 집열판을 설치하면 전기 요금을 약 8,030원가량 줄일 수 있다.

물론 초기 비용이 들지만 정부나 시에서 50만 원 정도의 보조금을 지급하는 것을 생각하면 그마저도 많이 줄일 수 있다. 서울시에서는 매년 연도별 달성 계획을 세우고 태양광 발전 보급 용량, 설치 가구 수를 다음과 같이 늘리고 있다.

구분	2018년	2019년	2020년	2021년	2022년
보급 용량 (누적, kW)	100,717	162,105	246,744	382,343	551,172
태양광 주택 (누적, 호)	162,286	284,184	455,303	705,452	1,003,841

태양광 에너지는 세계 시장에서도 큰 관심을 받고 있다. 지금까지 몰라서 설치하지 못했다면 제공되는 지원금도 받고 전기료 할인 혜택도 받기를 바란다.

* 기점: 어떠한 것이 처음으로 일어나거나 시작되는 곳
* 신재생 에너지: 다시 사용할 수 있는 에너지. 화석 연료를 대신할 새로운 에너지로 오염 물질이 거의 발생하지 않는다.

1 이 글의 종류는? (   )

① 일기 　　　　　　　② 뉴스 　　　　　　　③ 광고하는 글
④ 설명하는 글 　　　　⑤ 주장하는 글

2 다음 중 태양광 발전에 대한 설명으로 바른 것은? (   )

① 태양광시스템은 다른 신재생 에너지 설비에 비해 설치가 어렵지만 저가에 공급된다.
② 태양광 집열판 설치 시 정부나 시에서 대략 **50만 원** 정도의 보조금을 제공해 준다.
③ 베란다형의 경우 하루 중 태양광으로 전기를 생산할 수 있는 시간은 **2시간**이 조금 넘는다.
④ 태양광 집열판 중 베란다형의 경우 한 달에 $33\,kWh$의 전기를 생산한다.
⑤ 매년 서울시에는 태양광 발전 보급 용량, 설치 가구 수를 줄이고 있다.

3 태양광 집열판 중 베란다형의 하루 생산량은 얼마인지 식을 세우고 분수의 나눗셈으로 계산해 보세요. (단, 한 달은 **30일**이라고 생각하여 계산합니다.)

식 ）_____

답 ）_____

4 한 달에 $306\,kWh$를 사용하는 가정에서 하루 동안 사용하는 전기량은 얼마인지 식을 세워 계산해 보세요. (단, 한 달은 **30일**이라고 생각하여 계산합니다.)

식 ）_____

답 ）_____

5 태양광 집열판 하나를 모듈이라고 합니다. 모듈의 크기는 조금씩 다르지만 대략 $2\,m^2$입니다. 모듈 한 개에서 오늘 만들어진 전기량이 $3.5\,kWh$라면, 모듈 $1\,m^2$당 몇 kWh의 에너지를 만들어 낸 것일까요?

(   )

▲ 태양광 집열판

step 1 30초 개념

- (자연수)÷(자연수)의 몫을 소수로 나타내는 방법

  ① $▲ ÷ ■ = \dfrac{▲}{■}$과 같이 분수로 고쳐 계산하고, 그 몫을 소수로 나타냅니다.

  $$10 ÷ 4 = \dfrac{10}{4} \Rightarrow \dfrac{10 × 25}{4 × 25} = \dfrac{250}{100} = 2.5$$

  ② 세로로 계산하여 그 몫을 소수로 나타냅니다. 이때 소수점은 자연수 바로 뒤에서 올려 찍습니다.

개념연결

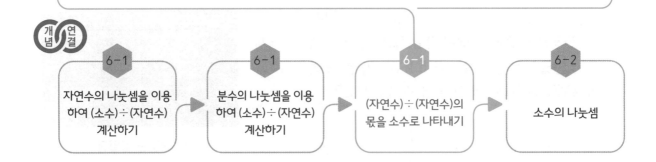

6-1	6-1	6-1	6-2
자연수의 나눗셈을 이용하여 (소수)÷(자연수) 계산하기	분수의 나눗셈을 이용하여 (소수)÷(자연수) 계산하기	(자연수)÷(자연수)의 몫을 소수로 나타내기	소수의 나눗셈

step 2 설명하기

질문 ❶ 300÷4를 이용하여 3÷4를 계산해 보세요.

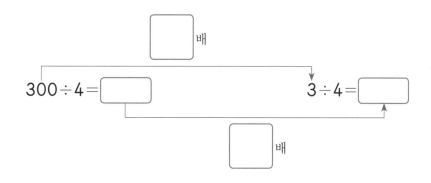

설명하기 300÷4의 몫은 75입니다.

3은 300의 $\dfrac{1}{100}$이므로 3÷4의 몫은 75의 $\dfrac{1}{100}$인 0.75가 됩니다.

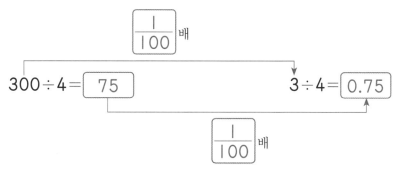

3÷4를 계산할 때 바로 300÷4를 생각하는 것이 아니라 먼저 30÷4를 생각하고,

30÷4의 몫이 자연수로 나누어떨어지지 않음을 확인한 다음 300÷4를 계산합니다.

질문 ❷ 3÷4를 세로셈으로 계산해 보세요.

설명하기

```
       0 . 7 5
   4 ) 3 . 0 0
       2   8
           2 0
           2 0
               0
```

1 □ 안에 알맞은 수를 써넣으세요.

$$10 \div 4 = \frac{\boxed{}}{4} = \frac{\boxed{} \times 25}{4 \times 25} = \frac{\boxed{}}{100} = \boxed{}$$

2 보기 와 같은 방법으로 계산해 보세요.

보기

$$11 \div 4 = \frac{11}{4} = \frac{275}{100} = 2.75$$

(1) $3 \div 2$

(2) $9 \div 5$

3 계산해 보세요.

(1)

$5 \overline{)16}$

(2)

$6 \overline{)3}$

4 빈 곳에 알맞은 수를 써넣으세요.

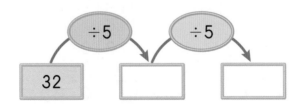

5 계산 결과를 비교하여 ◯ 안에 >, =, <를 알맞게 써넣으세요.

(1) $3 \div 5$ ◯ $8 \div 16$　　　　(2) $9 \div 6$ ◯ $12 \div 8$

6 다음 중 가장 큰 수를 가장 작은 수로 나누었을 때의 몫을 구해 보세요.

	11	7	15	8	4	

(　　　　　　　　)

7 무게가 같은 쇠공이 들어 있는 주머니 4개의 무게가 5 kg입니다. 주머니 한 개에 쇠공이 10개씩 들어 있다면 쇠공 한 개의 무게는 몇 kg인지 풀이 과정을 쓰고 답을 구해 보세요. (단, 주머니의 무게는 생각하지 않습니다.)

풀이 과정

(　　　　　　　　)

8 어떤 자연수를 5로 나누어야 할 것을 곱했더니 110이 되었습니다. 바르게 계산하면 얼마일까요?

(　　　　　　　　)

금, 어디까지 알고 있니?

19세기 말 미국 필라델피아에서 일어난 일이다. 한 제련소* 맞은편에 오래된 교회가 있었다. 무너질 것 같은 교회를 수리하려던 찰나, 어떤 사람이 교회 지붕을 사겠다고 나섰다. 쓸모없어 보이는 교회 지붕을 3000달러나 주고 사겠다는 그 사람을 모두 이상하게 생각했다. 더 이상한 것은 지붕을 산 사람이 그 겉을 긁어내더니 불에 태워 재로 만든 것이었다. 그런데 놀랍게도 잿가루에서 약 8 kg의 금이 나왔다. 교회 지붕에 처음부터 금이 들어가 있었던 것일까? 지붕에서 금가루가 나왔던 이유는 바로, 수년 동안 용광로에서 교회 지붕으로 금가루가 날아가 쌓였기 때문이었다. 덕분에 지붕을 산 사람은 3000달러보다 훨씬 더 많은 돈을 벌었고, 사람들은 그를 부러워했다.

이처럼 금이란 것은 우리에게 매우 가치 있는 물질이다. 대부분의 금속은 녹슬게 마련이지만 금은 그렇지 않기 때문에 옛 선조들도 왕관이나 장식품에 금을 사용했다. 이러한 금을 표시하는 데는 '캐럿'이라는 단위를 사용한다. 기호는 K이다. 순금은 24 K라 하고, 여기에 불순물이 섞인 금을 18K와 14 K로 표시한다. 18 K는 $\frac{18}{24}$의 순도이고 나머지 $\frac{6}{24}$에는 불순물이 섞여 있다. 14 K는 $\frac{14}{24}$의 순도이고 나머지 $\frac{10}{24}$에는 은이나 구리 등의 다른 금속이 섞여 있는 것이다.

그렇다면 금을 나타낼 때 '캐럿'을 사용하는 이유는 무엇일까? 금의 순도를 나타내는 단위인 '캐럿'은 중동 지역에서 나는 식물의 한 종류인 '캐럽*'에서 유래했다. 캐럽은 콩과 식물인 세라토니아속에 속하는 나무 열매인데, 그 꼬투리 하나의 무게가 1.25 g으로 마치 추와 같이 일정하다고 한다. 중동 지역 사람들은 말린 캐럽을 한 손에 쥔 정도를 기준으로 금이나 소금 등의 물건을 교환했다. 캐럽이 무게를 재는 기준이 되었던 것이다. 보통 어른의 한 손으로 쥐면 캐럽 24개가 잡히는 데서 순도가 가장 높은 순금을 24 K라고 표시하게 되었다고 전해진다.

이 외에도 금이 가진 성질과 가치에서 생겨난 이야기가 많다. 아르키메데스의 일화나 미다스 왕 이야기, 골드러시, 황금의 도시 엘도라도 혹은 금이 가지고 있는 과학적인 성질 등을 직접 한번 찾아보는 것은 어떨까?

*제련소: 광석을 용광로에 넣고 녹인 다음 함유된 금속을 분리, 추출하여 정제하는 일을 하는 곳
*캐럽: 초콜릿 맛이 나는 암갈색 열매가 달리는 유럽산 나무

1 다음 중 캐럿에 관한 설명으로 옳지 <u>않은</u> 것은? (   )

① 중동 지역에서 나는 식물의 한 종류인 '캐럽'에서 유래했다.
② 캐럽의 꼬투리 하나의 무게는 대체로 일정하다.
③ 캐럽은 보통 어른의 한 손으로 쥐면 **24**개가 잡힌다.
④ 캐럿은 금의 비중을 나타내는 단위이다.
⑤ 중동 지역 사람들은 말린 캐럽을 한 손에 쥔 정도를 기준으로 물건을 교환했다.

2 금과 관련된 이야기가 <u>아닌</u> 것은? (   )

① 미다스 왕 이야기   ② 황금의 도시 엘도라도   ③ 골드러시
④ 트로이 목마   ⑤ 아르키메데스와 황금 왕관

3 금은 14 K, 18 K, 24 K로 표시합니다. 18 K의 의미를 설명해 보세요.

4 18 K에 금이 얼마나 들어 있는지 소수로 나타내어 보세요.

(   )

5 6 K, 12 K의 금이 있다면 여기에는 각각 금이 얼마나 들어 있는지 소수로 나타내어 보세요.

6 K (   )
12 K (   )

두 수의 비

- 두 수를 나눗셈으로 비교하기 위해 비로 나타냅니다. 두 수 3과 2를 나눗셈으로 비교할 때 기호 :을 사용하여 3 : 2라 쓰고 3 대 2라고 읽습니다.
3 : 2는 "3과 2의 비", "2에 대한 3의 비", "3의 2에 대한 비"라고도 읽습니다.

기호의 :의 오른쪽에 있는 수가 기준이에요.

3 : 2
— 3 대 2
— 3과 2의 비
— 3의 2에 대한 비
— 2에 대한 3의 비

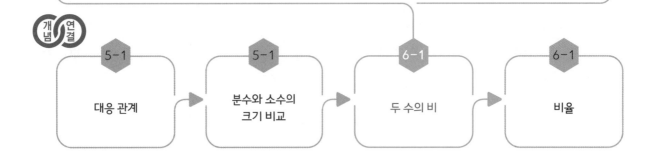

5-1	5-1	6-1	6-1
대응 관계	분수와 소수의 크기 비교	두 수의 비	비율

step 2 설명하기

질문 ❶ 높이가 2 m인 나무의 그림자의 길이를 특정한 시각에 재어 보니 1 m였습니다. 나무의 높이에 대한 그림자의 길이의 비를 구해 보세요.

설명하기 나무의 높이에 대한 그림자의 길이의 비는 나무의 높이가 기준입니다.
나무의 높이가 2 m일 때 그림자의 길이가 1 m이므로 나무의 높이에 대한 그림자의 길이의 비는 1 : 2입니다.

기호 :의 오른쪽에 있는 수가 기준이며 오른쪽에 있는 수는 '~에 대한'으로 읽습니다.

질문 ❷ 물 3컵과 포도 원액 2컵을 넣어 포도주스 1병을 만들 때, 물의 양에 대한 포도 원액의 양의 비를 구해 보세요.

설명하기 물의 양에 대한 포도 원액의 양의 비는 물의 양이 기준입니다.
물 3컵과 포도 원액 2컵을 넣어 포도주스 1병을 만들므로 물의 양에 대한 포도 원액의 양의 비는 2 : 3입니다.

1 4 : 5를 바르게 읽은 것을 찾아 ○표 해 보세요.

4 대 5		5 대 4
( )		( )

2 ☐ 안에 알맞은 수를 써넣으세요.

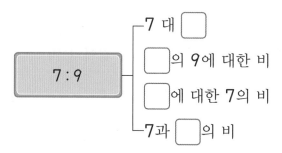

7 : 9

- 7 대 ☐
- ☐의 9에 대한 비
- ☐에 대한 7의 비
- 7과 ☐의 비

3 그림을 보고 전체에 대한 색칠한 부분의 비를 써 보세요.

(1)

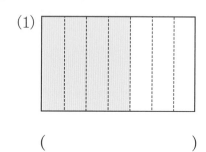

(   )

(2)

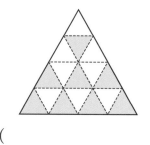

(   )

4 관계있는 것끼리 선으로 이어 보세요.

7 : 10	·		·	10의 3에 대한 비
10 : 3	·		·	5와 2의 비
5 : 2	·		·	10에 대한 7의 비

5 상자 안에 파란색 공 9개와 빨간색 공 11개가 들어 있습니다. 상자 안에 있는 파란색 공의 빨간색 공에 대한 비를 써 보세요.

(   )

6 빨간색 물감 2컵과 노란색 물감 4컵으로 주황색 물감을 만들었습니다. 물음에 답하세요.

(1) 빨간색 물감에 대한 노란색 물감의 비를 구해 보세요.

(   )

(2) 노란색 물감에 대한 빨간색 물감의 비를 구해 보세요.

(   )

step 4 도전 문제

7 봄이네 반 학생은 모두 29명입니다. 그중 남학생이 15명일 때, 남학생 수에 대한 여학생 수의 비를 구해 보세요.

(   )

8 비에 대하여 잘못 설명한 사람은 누구인지 이름을 쓰고, 그 이유를 써 보세요.

> 가을: 5 : 9와 9 : 5는 같아.
>
> 겨울: 5 : 9는 9에 대한 5의 비야.

(   )

이유

음악에서 찾은 비율

비의 개념이 언제부터 사용되었는지 정확히 알 수 없지만 일반적으로 수나 양을 비교하면서 사용하기 시작한 것으로 여겨진다. 고대 이집트나 바빌로니아[*] 문명 초기의 기록 중 비에 대한 것이 있고, 인도와 아라비아에서도 비를 널리 사용했다고 한다. 이러한 비의 개념은 음악에도 사용되고 있다.

고대 그리스의 유명한 수학자 피타고라스(기원전 약 582~기원전 약 497)는 어느 날 대장간에서 들려오는 망치 소리를 들으며 '음계가 일정한 관계를 가지고 변화하는 것 같은데……'라고 생각했다. 그는 음의 높이가 현악기의 현의 길이와 관계있다고 생각해서 이를 '비'로 표현해 냈다. 이것을 '피타고라스 음계'라고 한다.

▲ 피타고라스 동상

피타고라스는 현악기와 줄의 길이의 관계를 알아내기 위해 하나의 줄에는 브리지[*]를 놓고, 다른 줄에는 브리지를 놓지 않은 채 소리를 들으며 줄의 길이를 비교했다. 그랬더니 브리지를 일정한 비율로 움직일 때마다 현의 소리가 달라졌다. '도' 소리가 나는 현의 중간에 브리지를 두어 줄의 길이가 $\frac{1}{2}$이 되면 한 옥타브 높은 '도' 소리가 났다. 현의 $\frac{2}{3}$ 지점에 브리지를 두면 '솔'이 되었다. 도의 길이에 대한 각 계이름의 길이의 비를 나타내면 도는 1, 레는 8:9, 미는 64:81, 파는 3:4, 라는 16:27, 시는 128:243이 된다. 같은 방식을 써서 우리도 아래 사진과 같은 팬플루트를 직접 만들 수 있다.

▲ 팬플루트

4분음표(1박자)			

8분음표($\frac{1}{2}$박자)	

16분음표($\frac{1}{4}$박자)			

음악에서는 음계뿐 아니라 음의 길이를 표현하는 음표에도 '비'가 사용된다.

4분음표는 한 박자를 나타내고 8분음표는 $\frac{1}{2}$박자, 16분음표는 $\frac{1}{4}$박자를 나타낸다. 이쯤되면 음악과 수학은 떼려야 뗄 수 없는 관계라고 생각할 수 있다.

*바빌로니아: 메소포타미아의 동남부 유프라테스강과 티그리스강의 하류 지방. 메소포타미아 문명의 발상지이다.
*브리지: 현악기의 기러기발

1 피타고라스는 음의 높이가 무엇과 관련이 있다고 생각했는지 ☐ 안에 알맞은 말을 써넣으세요.

피타고라스는 음의 높이가 현악기의 ☐의 ☐☐와 관계가 있다고 생각했다.

2 도와 각 음에 대한 비를 나타낸 것 중 <u>틀린</u> 것은? (   )

① 레 : 도 = 8 : 9

② 미 : 도 = 64 : 81

③ 파 : 도 = 3 : 4

④ 라 : 도 = 16 : 27

⑤ 시 : 도 = 243 : 128

3 낮은 '도' 소리가 나는 현의 길이는 높은 '도' 소리가 나는 현의 길이의 몇 배인가요?

(   )

4 브리지 없이 현을 당기면 '도' 음이 납니다. '라' 음을 내려면 왼쪽에서부터 몇 cm 거리에 브리지를 두어야 할까요? (단, 현의 길이는 27 cm입니다.)

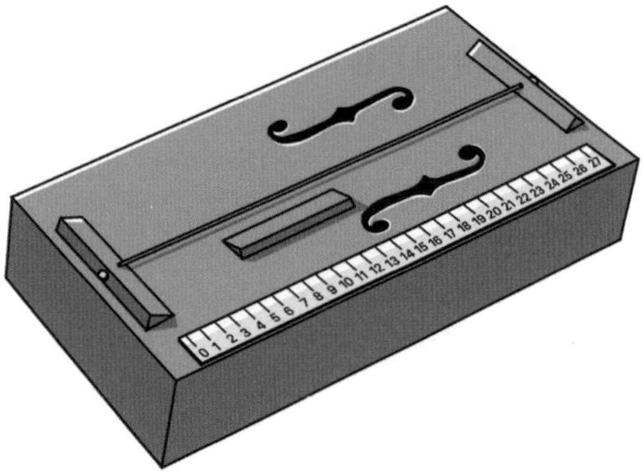

(   )

5 4분음표에 대한 16분음표의 음의 길이를 비로 나타내어 보세요.

(   )

- 비 10 : 20에서 기호 :의 오른쪽에 있는 20은 기준량이고, 왼쪽에 있는 10은 비교하는 양입니다.
  기준량에 대한 비교하는 양의 크기를 비율이라고 합니다.

10 : 20
비교하는 양   기준량

$$(비율)=(비교하는 양)÷(기준량)=\frac{(비교하는 양)}{(기준량)}$$

예) 비 10 : 20을 비율로 나타내면 $\frac{10}{20}$ 또는 0.5입니다.

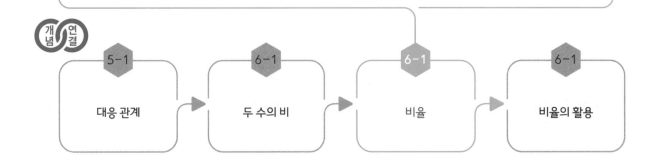

step 2 설명하기

질문 ❶   직사각형 모양의 액자가 있습니다. 이 액자의 세로에 대한 가로의 비율을 소수로 나타
내어 보세요.

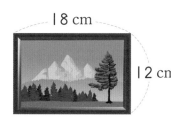

18 cm

12 cm

설명하기   세로에 대한 가로의 비율은 세로가 기준량, 가로가 비교하는 양이므로 $\dfrac{(가로)}{(세로)}$로
구할 수 있습니다.

그러므로 액자의 세로에 대한 가로의 비율은 $\dfrac{18}{12}=\dfrac{3}{2}=1.5$입니다.

질문 ❷   알뜰 시장에서 물건을 판매하고 1000원의 수익금이 생기면 200원을 이웃 돕기 성
금으로 기부한다고 합니다. 판매 금액에 대한 기부 금액의 비율을 분수로 나타내어 보
세요.

설명하기   판매 금액에 대한 기부 금액의 비율은 판매 금액이 기준량, 기부 금액이 비교하
는 양이므로 $\dfrac{(기부\ 금액)}{(판매\ 금액)}$으로 구할 수 있습니다.

판매 금액이 1000원이면 200원을 기부하므로 판매 금액에 대한 기부 금액의
비율은 $\dfrac{200}{1000}=\dfrac{1}{5}$입니다.

비율은 기준량과 비교하는 양의 관계를 수로 표현한 것입니다. 비율은 분수나 소수로 나타낼
수 있습니다.

1 ☐ 안에 알맞은 수를 써넣으세요.

> 비 4 : 7에서 기준량은 ☐ 이고, 비교하는 양은 ☐ 입니다.

2 비율을 분수로 나타내어 보세요.

(1) 4 : 5 ➡ ☐/☐

(2) 6 : 7 ➡ ☐/☐

3 비율을 소수로 나타내어 보세요.

(1) 2 : 5 ➡ ☐

(2) 3 : 4 ➡ ☐

4 비교하는 양과 기준량을 찾아 쓰고 비율을 구해 보세요.

비	비교하는 양	기준량	비율
7과 14의 비			
25에 대한 6의 비			

5 비교하는 양이 기준량보다 큰 비를 모두 고르세요. (   )

① 3 : 7   ② 6 : 5   ③ 10 : 20

④ 11 : 8   ⑤ 3 : 10

6 비율이 가장 큰 것부터 차례로 기호를 써 보세요.

> ㉠ 8에 대한 5의 비
> ㉡ 6과 15의 비
> ㉢ 3의 5에 대한 비

(   )

7 관계있는 것끼리 선으로 이어 보세요.

20에 대한 12의 비 ·	· $\dfrac{3}{25}$ ·	· 0.6
3의 25에 대한 비 ·	· $\dfrac{3}{5}$ ·	· 0.12

step 4 도전 문제

8 마라톤 대회에 참가한 90명의 선수 중 54명이 제한 시간 안에 결승선을 통과했습니다. 참가한 인원수에 대한 제한 시간 안에 결승선을 통과한 인원수의 비율을 분수와 소수로 각각 나타내어 보세요.

분수 (   ), 소수 (   )

9 모니터 화면의 가로 길이와 세로 길이가 다음과 같습니다. 가로 길이에 대한 세로 길이의 비율을 분수와 소수로 각각 나타내어 보세요.

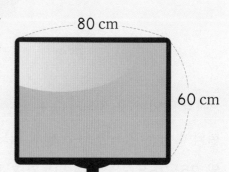

분수 (   )
소수 (   )

인구 밀도

국가별 인구 순위 (단위: 명)		
연도	국가	인구
2023년	인도	1,428,427,663
2023년	중국	1,425,671,352
2023년	미국	338,289,857
2022년	인도네시아	275,501,339
2022년	파키스탄	235,824,862
2022년	나이지리아	218,541,212
2022년	브라질	215,313,498

국가별 인구 밀도 순위 (단위: 명/km^2)		
순위	나라	인구 밀도
1	모나코	19,624
2	싱가포르	8,383
3	바레인	2,287
4	몰디브	1,803
5	몰타	1,388
6	방글라데시	1,290
7	팔레스타인	888

표를 보면 인구의 순위와 인구 밀도의 순위가 확연히 다르다는 것을 알 수 있다. 그 이유는 인구 밀도의 정의에서 찾을 수 있다. 인구 밀도란 일정한 지역의 단위 면적에 대한 인구의 비율이다. 보통 1 km^2 안의 인구로 나타내기 때문에 인구 밀도를 알기 위해서는 그 나라의 면적을 알아야 한다.

모나코의 경우 1 km^2 안에 19,624명의 사람이 살고 있고, 팔레스타인은 1 km^2 안에 888명이 살고 있는 것이다. 반면 캐나다, 호주같이 대륙의 면적이 넓은 국가를 살펴보면 1 km^2 안에 캐나다는 4명, 호주는 3명, 러시아는 9명, 몽골은 1.7명이 살고 있다.

▲ 위도별 인구 밀도

위와 같이 인구 밀도가 높은 곳은 진한 빨강으로, 인구 밀도가 낮은 곳은 진한 파랑으로 표현되어 있는 위도별 인구 밀도 지도도 있다. 이 지도를 보면, 위도별 인구 밀도가 다르며 북위* 25~26도선의 인구 밀도가 가장 높고, 이 위치의 환경이 사람이 살기에 좋다는 것을 알 수 있다.

* **위도**: 지구 위의 위치를 나타내는 좌표축 중에서 가로로 된 것. 적도를 중심으로 하여 남북으로 평행하게 그은 선이다.
* **북위**: 적도로부터 북극에 이르기까지의 위도. 적도를 0도로 하여 북극의 90도에 이른다.

1 이 글을 읽고 물음에 답하세요.

(1) 표에서 인구가 가장 많은 나라와 인구 밀도가 가장 높은 나라는 어디인가요?

(,   )

(2) 인구의 순위와 인구 밀도의 순위가 다른 이유를 써 보세요.

> 이유

2 이 글에 대한 설명으로 **틀린** 것은? (   )

① 인구가 가장 많은 나라는 인도이다.
② 세계적으로 잘사는 나라의 인구 밀도는 높다.
③ 캐나다는 4명, 호주는 3명, 러시아 9명, 몽골은 1.7명이 1 km² 안에 살고 있다.
④ 위도에 따라 인구 밀도가 다르다.
⑤ 위도별로 인구 밀도가 다른 이유는 환경의 차이 때문이다.

3 인구 밀도가 가장 높은 위도는? (   )

① 북위 10~12도   ② 북위 0~10도   ③ 북위 25~26도
④ 남위 25~26도   ⑤ 남위 30~32

4 인구 밀도란 '단위 면적 1 km²에 대한 인구'를 말합니다. 인구 밀도에서 기준량과 비교하는 양은 무엇인지 써 보세요.

기준량 (   )
비교하는 양 (   )

5 다음 표에서 도시 A와 B의 인구 밀도를 구하여 빈칸에 알맞게 써넣으세요.

도시	A	B
인구(명)	18600	31950
면적(km²)	30	45
인구 밀도		

step 1 30초 개념

• 비율의 활용 문제를 해결할 때는

① 비율의 정의를 떠올립니다. 비율은 기준량에 대한 비교하는 양의 크기를 말합니다.

② 문제에 주어진 조건 중 기준량과 비교하는 양을 구분합니다.

③ 공식 $\dfrac{(비교하는\ 양)}{(기준량)}$ 에 넣어 비율을 구합니다.

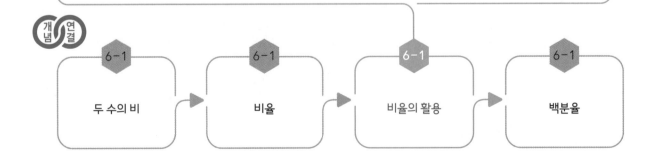

step 2 설명하기

질문 ❶ 승용차를 타고 2시간 동안 서울에서 대전까지 약 140 km를 갔습니다. 승용차가 서울에서 대전까지 가는 데 걸린 시간에 대한 간 거리의 비율을 구해 보세요.

설명하기 걸린 시간에 대한 간 거리의 비율은 걸린 시간이 기준량, 간 거리가 비교하는 양이므로 $\dfrac{(간\ 거리)}{(걸린\ 시간)}$로 구할 수 있습니다.

승용차가 2시간 동안 약 140 km를 갔으므로 걸린 시간에 대한 간 거리의 비율은 $\dfrac{140}{2}=70$입니다.

질문 ❷ 가 지역과 나 지역의 인구와 넓이를 조사한 표입니다. 두 지역의 넓이에 대한 인구의 비율을 비교해 보세요.

지역	가	나
인구 (명)	360000	1000000
넓이 (km²)	20	50

설명하기 넓이에 대한 인구의 비율은 넓이가 기준량, 인구가 비교하는 양이므로 $\dfrac{(인구)}{(넓이)}$로 구할 수 있습니다.

가 지역의 넓이에 대한 인구의 비율은 $\dfrac{360000}{20}=18000$입니다.

나 지역의 넓이에 대한 인구의 비율은 $\dfrac{1000000}{50}=20000$입니다.

나 지역의 넓이에 대한 인구의 비율이 더 크므로 나 지역이 인구가 더 밀집하다고 할 수 있습니다.

1 □ 안에 알맞은 말을 써넣으세요.

$$(속력)=(걸린 \ 시간에 \ 대한 \ 간 \ 거리의 \ 비율)=\frac{\boxed{}}{\boxed{}}$$

2 육상 선수가 100 m를 뛰는 데 12초가 걸렸습니다. 100 m를 뛰는 데 걸린 시간에 대한 거리의 비율을 구해 보세요.

(   )

3 겨울이네 마을의 넓이와 인구를 보고 넓이에 대한 인구의 비율을 구해 보세요.

넓이: 4 km^2
인구: 160명

(   )

4 물에 레몬 원액 80 mL를 넣어 레몬주스 360 mL를 만들었습니다. 레몬주스 양에 대한 레몬 원액 양의 비율을 구해 보세요.

(   )

5 봄이는 물에 소금 140 g을 녹여 소금물 350 g을 만들었고, 여름이는 물에 소금 210 g을 녹여 소금물 420 g을 만들었습니다. 두 사람의 소금물 양에 대한 소금 양의 비율을 각각 구하고, 누가 만든 소금물이 더 진한지 알아보세요.

봄 (   )
여름 (   )
더 진한 소금물을 만든 사람 (   )

6 A 기차는 330 km를 가는 데 3시간이 걸렸고, B 기차는 400 km를 가는 데 4시간이 걸렸습니다. 두 기차의 걸린 시간에 대한 간 거리의 비율을 각각 구하고, 어느 기차가 더 빠른지 알아보세요.

A 기차 (   )

B 기차 (   )

더 빠른 기차 (   )

step **4** 도전 문제

7 여름이는 사회 시간에 마을 지도를 그렸습니다. 여름이네 집에서 학교까지 실제 거리는 600 m인데 지도에는 3 cm로 그렸습니다. 여름이네 집에서 학교까지 실제 거리에 대한 지도에 그린 거리의 비율을 분수로 나타내어 보세요.

(   )

8 가을이와 봄이는 축구 연습을 했습니다. 골 성공률이 더 높은 사람은 누구일까요?

나는 공을 20번 차서 골대 안에 12번 넣었어.

나는 공을 15번 차서 골대 안에 10번 넣었어.

가을   봄

풀이 과정

(   )

아름다움을 찾기 위하여

사람들은 예로부터 끊임없이 아름다움을 추구해 왔다. 아름다움을 추구하는 것은 인간의 본능이라고 할 수 있다. 이러한 아름다움을 찾는 데 수학이 이용되었다고 한다. 조형물이 아름답게 보이도록 하기 위해서 비의 개념을 사용했던 것이다. 이를 '황금비'라고 하는데, 인간이 생각하는 비를 가장 조화롭고 아름다운 모양으로 만드는 비라고 여겨 황금비라고 불렀다. 그리고 그 수는 바로 약 1.6을 나타낸다. 황금비는 예로부터 미술, 공예, 건축 등 다양한 분야에 사용되었으며 현대에 이른 지금도 황금비의 개념을 사용하여 디자인을 하거나 건축물을 설계하기도 한다.

그리스 수학자인 피타고라스는 만물의 근원을 수로 보고, 세상의 모든 일을 수와 관련지어 보려 했다. 인간이 생각하는 가장 아름다운 황금비를 생각한 그는 황금비가 들어 있는 정오각형 모양의 별을 피타고라스학파의 상징으로 삼았다.

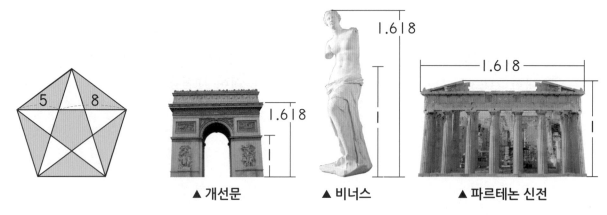

▲ 개선문　　　　▲ 비너스　　　　▲ 파르테논 신전

왼쪽의 정오각형 별을 보면, 짧은 변과 긴 변의 길이의 비가 5:8이다. 이때, 짧은 변을 1이라 하면, 5:8=1:1.6이 된다. 이것이 바로 황금비이다. 이러한 황금비는 위 그림에서처럼 여러 유명 건축물과 조각상에서 찾아볼 수 있다. 또 건축물을 세울 때 창문을 황금비로 뚫고, 기둥을 세울 때 황금비를 적용한 사례가 많이 있다고 한다.

여러 유명 회사의 로고 속에서도 황금비를 찾을 수 있으며, 우리가 사용하는 카드나 웹사이트 디자인도 황금비를 활용한 사례로 볼 수 있다.

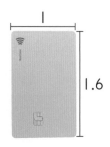

*추구: 목적을 이룰 때까지 뒤좇아 구하는 것
*공예: 기능과 장식의 두 가지 면을 조화시켜 도자기 따위의 일상생활에 필요한 물건을 만드는 일

1 황금비의 비율을 써 보세요.

(   )

2 다음 중 황금비에 대한 설명으로 틀린 것은? (   )

① 예로부터 미술, 공예, 건축 등 다양한 분야에서 사용되었다.
② 소크라테스학파에서 중요시되었다.
③ 현대의 디자인이나 건축물에도 사용된다.
④ 비를 가장 조화롭고 아름다운 모양으로 만드는 비라고 여겨 황금비라 불렀다.
⑤ 파리의 개선문에서도 이러한 비율을 찾아볼 수 있다.

3 정오각형 별입니다. ▢ 안에 알맞은 숫자를 써넣으세요.

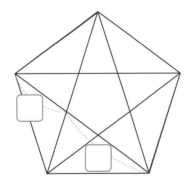

4 우리가 사용하는 텔레비전 화면에서도 황금비를 찾을 수 있습니다. 세로에 대한 가로의 비율이 황금비일 때 텔레비전 화면의 가로의 길이는 몇 cm일까요?

100 cm

(   )

step 1 30초 개념

• 기준량을 100으로 할 때의 비율을 백분율이라고 합니다. 백분율은 기호 %를 사용하여 나타냅니다. 비율 $\frac{85}{100}$를 85 %라 쓰고 85퍼센트라고 읽습니다.

$$\frac{1}{100} = 1\%$$

$$\frac{85}{100} = 85\%$$

개념연결

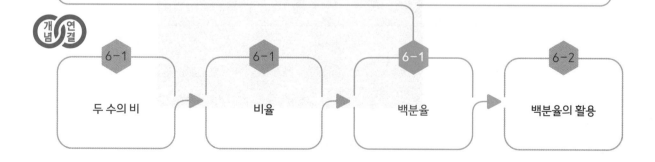

6-1	6-1	6-1	6-2
두 수의 비	비율	백분율	백분율의 활용

step 2 설명하기

질문 ❶ 알뜰 시장에서 열쇠고리 50개 중 40개가 판매되었습니다. 열쇠고리의 판매율은 몇 %인지 구해 보세요.

설명하기 판매율은 준비한 물건의 수에 대한 판매된 물건의 수의 비율이므로
$\dfrac{(판매된\ 물건의\ 수)}{(준비한\ 물건의\ 수)}$ 로 구할 수 있습니다.

50개의 열쇠고리 중 40개가 판매되었으므로 판매율은
$\dfrac{40}{50} = \dfrac{80}{100} = 80(\%)$입니다.

질문 ❷ 넓이가 25 m²인 마당에서 화단의 넓이가 6 m²일 때, 마당의 넓이에 대한 화단의 넓이의 비율은 얼마인지 백분율로 나타내어 보세요.

설명하기 마당의 넓이에 대한 화단의 넓이의 비율은 마당의 넓이가 기준량, 화단의 넓이가 비교하는 양이므로 $\dfrac{(화단의\ 넓이)}{(마당의\ 넓이)}$로 구할 수 있습니다.

마당의 넓이가 25 m², 화단의 넓이가 6 m²이므로 마당의 넓이에 대한 화단의 넓이의 비율은
$\dfrac{6}{25} = \dfrac{24}{100} = 24(\%)$입니다.

1 ☐ 안에 알맞게 써넣으세요.

(1) 기준량을 100으로 할 때의 비율을 [   ]이라고 합니다.

(2) 백분율은 기호 [ ]을(를) 사용하여 나타냅니다.

2 그림을 보고 전체에 대한 색칠한 부분의 비율을 백분율로 나타내어 보세요.

(1)

(   )

(2)

(   )

3 빈칸에 알맞은 수를 써넣으세요.

분수	소수	백분율 (%)
$\frac{45}{100}$		
$\frac{13}{20}$		

4 관계있는 것끼리 선으로 이어 보세요.

25 % ·	· 0.68 ·	· $\frac{1}{4}$
68 % ·	· 0.8 ·	· $\frac{4}{5}$
80 % ·	· 0.25 ·	· $\frac{17}{25}$

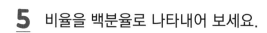

5 비율을 백분율로 나타내어 보세요.

(1) $\dfrac{43}{100}$ ➡ (   )   (2) $\dfrac{2}{5}$ ➡ (   )

(3) 0.14 ➡ (   )   (4) 0.25 ➡ (   )

step 4 **도전 문제**

6 겨울이네 학교 5학년과 6학년 학생들이 체육 대회에 참가했습니다. 체육 대회에 참가한 학생 수가 다음과 같을 때 물음에 답하세요. (단, 한 명의 학생은 한 종목에만 참가했습니다.)

	줄다리기	공 던지기
5학년 학생 수(명)	30	20
6학년 학생 수(명)	25	25

(1) 줄다리기에 참가한 6학년 학생 수는 체육 대회에 참가한 전체 학생 수의 몇 %인가요?

(   )

(2) 공 던지기에 참가한 5학년 학생 수는 체육 대회에 참가한 전체 학생 수의 몇 %인가요?

(   )

7 여름이는 설탕 30 g을 녹여 설탕물 250 g을 만들었고, 겨울이는 설탕 18 g을 녹여 설탕물 200 g을 만들었습니다. 두 사람의 설탕물의 양에 대한 설탕의 양의 비율은 각각 몇 %인지 구해 보세요.

여름 (   ), 겨울 (   )

생활 속 백분율 찾기

지구에 살고 있는 인구수 약 69억을 100명으로 줄여 나타내면 60명이 아시아, 15명은 아프리카, 14명은 아메리카, 10명은 유럽, 나머지 1명은 오세아니아에 살고 있는 셈이 된다고 한다. 이렇게 기준량을 100으로 할 때의 비율을 백분율이라고 한다. 백분율의 단위는 %(퍼센트)인데, %는 우리 생활 속에서 아주 쉽게 찾아볼 수 있다.

시청률, 청취율, 할인율, 농도, 투표율, 승률, 공을 던져서 들어갈 성공률 등이 모두 100을 기준으로 계산한 비율이다. 이 중에서 시청률은 특정한 프로그램이 시청되는 정도를 말하는데, 당시 방송을 볼 수 있는 상태의 개인이나 세대의 전체 수에 대한 특정 프로그램이나 시간대를 시청한 개인 또는 세대의 비율을 백분율로 나타낸 것이다. 프로그램의 인기는 보통 시청률로 나타난다. 시청률이 높게 나오면 그 프로그램을 보지 않는 사람들의 호기심까지 일으켜 관심을 모으게 되므로 시청률은 방송사의 이익과 직결되는 아주 중요한 요소가 된다.

또한 백분율로 미래를 나타낼 수도 있다. 영국 BBC 방송에서는 100년 후 일어날 열 가지 일의 가능성을 백분율로 제시했다. 식량 및 에너지를 공급하는 바다 농장이 만들어질 가능성은 100 %이고, 컴퓨터와 인간의 두뇌가 연결되어 업무 속도가 증가할 가능성도 100 %라고 한다. 즉, 100년 후에는 식량 및 에너지를 땅이 아니라 바다 농장에서 얻게 될 것이고, 인간의 뇌와 컴퓨터를 연결하여 일을 처리하게 될 것이라는 말이다. 그 외에도 영원히 죽지 않는 인공 지능을 개발할 가능성은 80 %이고, 인간이 기후를 스스로 조절할 가능성도 80 %나 된다고 한다. 이로써 영원히 죽지 않는 인공 지능이 생길 가능성도, 현재 이상 기후로 많은 문제가 생기고 있는 상황을 호전시킬 가능성도 매우 높아질 것이다.

＊**청취율**: 라디오의 어떤 방송 프로그램을 청취하는 비율
＊**호전**: 일의 형세가 좋은 쪽으로 바뀜.

1 지구에서 각 대륙의 사람들이 차지하는 비율을 백분율로 나타낸 표를 완성해 보세요.

대륙	아시아	아프리카	아메리카	유럽	오세아니아
백분율(%)					

2 백분율이 <u>아닌</u> 것은? (　　　　)

① 시청률　　　② 청취율　　　③ 인구수　　　④ 농도　　　⑤ 투표율

3 백분율을 사용하여 미래에 대한 가능성을 나타내는 문장을 써 보세요.

_____

4 표를 보고, 물음에 답하세요.

프로 농구 득점 10위 선수 대상 각 부분 성공률 합계 '톱 10' (단위: %) 12월 8일 현재		
	3점 슛 성공률	자유투 성공률
김태양	38	87
채치훈	34	75
서태풍	50	5 l
정대수	35	80
김지훈	39	8 l
방선수	28	80
이바람	35	7 l
최용재	32	78
이준수	4 l	74
강준성	36	70

(1) 3점 슛 성공률이 가장 높은 선수는 누구인가요?

(　　　　　　　　)

(2) 자유투 성공률이 가장 높은 선수는 누구인가요?

(　　　　　　　　)

16
비와 비율

30 %면 $\frac{30}{100}$ 이니까 1000원짜리 과자는 300원이겠네요?

30 % 세일은 70 % 가격에 판다는 거란다.

그럼 1000원짜리 과자는 700원이겠네!

과자류 30% 세일

MART

step 1 30초 개념

• 백분율의 활용 문제를 해결할 때는
① 백분율의 정의를 떠올립니다. 백분율은 기준량을 100으로 할 때의 비율을 말합니다.
② 문제에 주어진 조건으로 비율을 구합니다.
③ 백분율을 구하기 위해 비율의 분모를 100으로 고칩니다.
   이때, 분자와 분모에 똑같은 수를 곱하거나 분자와 분모를 똑같은 수로 나눕니다.

• 소수나 분수로 나타낸 비율을 백분율로 나타낼 때는 비율에 100을 곱하면 됩니다.

$$\underset{\text{비율}}{\frac{14}{25}} \Rightarrow \frac{14}{25}\times 100 \Rightarrow \underset{\text{백분율}}{56\%}$$

개념 연결

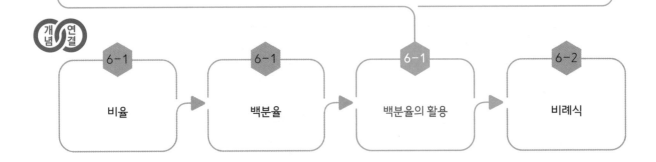

6-1	6-1	6-1	6-2
비율	백분율	백분율의 활용	비례식

step **2** 설명하기

질문 **❶** 전교 어린이 회장 선거에서 200명이 투표에 참여했습니다. 두 후보의 득표율이 각각 몇 %인지 구하고 어느 후보가 당선되었을지 설명해 보세요.

후보	가	나
득표 수(표)	106	94

설명하기 득표율은 전교 학생 수에 대한 각 후보의 득표 수의 비율이므로 $\dfrac{(\text{득표 수})}{(\text{전교 학생 수})}$ 로 구할 수 있습니다.

가 후보는 106표를 얻었으므로 가 후보의 득표율은 $\dfrac{106}{200} \times 100 = 53(\%)$입니다.

나 후보는 94표를 얻었으므로 나 후보의 득표율은 $\dfrac{94}{200} \times 100 = 47(\%)$입니다.

따라서 가 후보가 전교 어린이 회장에 당선되었습니다.

질문 **❷** 여름이의 설탕물 120 mL에는 설탕 15 g이 들었고, 겨울이의 설탕물 150 mL에는 설탕 20 g이 들었을 때 누구의 설탕물이 더 진한지 알아보세요.

여름   겨울

설탕

설명하기 설탕물에 대한 설탕의 양의 비율을 조사합니다.

여름이의 설탕물에 대한 설탕의 양의 비율은 $\dfrac{15}{120} = \dfrac{1}{8}$입니다.

겨울이의 설탕물에 대한 설탕의 양의 비율은 $\dfrac{20}{150} = \dfrac{2}{15}$입니다.

$\dfrac{1}{8} = \dfrac{2}{16}$이고, $\dfrac{2}{15} > \dfrac{2}{16}$이므로 겨울이의 설탕물이 더 진하다고 할 수 있습니다.

1 봄이는 마트에서 3000원인 과자를 1500원에 샀습니다. 과자의 할인율은 몇 %인가요?

(   )

2 가을이가 반 전체 학생 25명 중 16명의 표를 얻어 학급 회장이 되었습니다. 가을이의 득표율은 몇 %인가요?

(   )

3 어느 공장에서 생산한 연필 200자루 중 4자루가 불량이었습니다. 전체 연필 수에 대한 정상 연필 수의 비율을 백분율로 바르게 나타낸 것은? (   )

① 99 %   ② 98 %   ③ 94 %

④ 4 %   ⑤ 2 %

4 체육 시간에 농구 연습을 했습니다. 봄이는 25번을 던져 11번을 성공했고, 가을이는 20번을 던져 7번을 성공했습니다. 성공률이 더 높은 사람은 누구인가요?

(   )

5 슈퍼에서 500원짜리 초콜릿을 450원, 400원짜리 사탕을 300원에 샀습니다. 할인율이 더 높은 것은 무엇인가요?

(   )

6 장난감 회사에서 장난감 자동차의 가격을 2500원에서 2750원으로 올렸습니다. 처음 가격에 대한 오른 후 가격의 비율을 백분율로 바르게 나타낸 것은? (   )

① 105 %   ② 110 %   ③ 115 %
④ 120 %   ⑤ 125 %

7 겨울이는 액자에 끼우기 위해 가로 길이가 20 cm인 사진을 14 cm로 축소하였습니다. 처음의 몇 %로 축소했는지 구해 보세요.

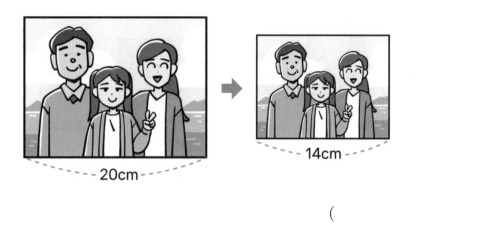

(   )

step 4 도전 문제

8 전체 좌석 수가 450석인 기차가 있습니다. 토요일에 예매된 좌석 수가 369석이라면 전체 좌석 수에 대한 예매된 좌석 수의 비율(예매율)은 몇 %인가요?

(   )

9 겨울이가 250000원을 1년 동안 은행에 저금해 놓았더니 255000원이 되었습니다. 이 은행의 저금한 금액에 대한 이자의 비율은 몇 %인가요?

(   )

마트 할인의 진실

〈A 마트 전단지〉

〈B 마트 전단지〉

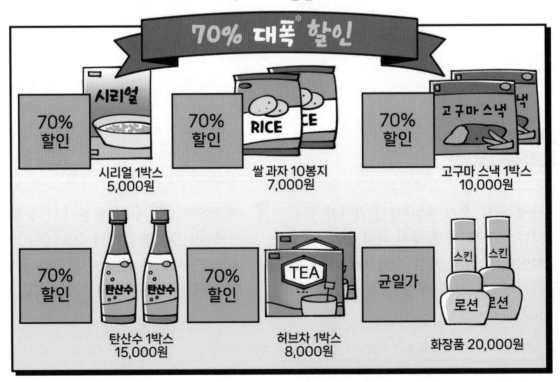

*전단지: 선전하거나 광고하는 글이 적힌 종이
*균일가: 품질이나 품종과 상관없이 동일하게 매긴 가격
*대폭: 큰 폭이나 범위

1 이 글의 목적은 무엇인가요?

_____

2 추가 할인의 의미를 짐작하여 설명해 보세요.

(설명)

3 같은 물건을 산다면 둘 중 어느 마트가 더 싼지 예상해 보고 그 이유를 설명해 보세요.

(이유)

4 시리얼 1박스를 살 때 어느 마트가 더 싼지 알아보려고 합니다. 물음에 답하세요.

(1) 5000원의 50 %는 몇 원인가요?

(   )

(2) 50 % 할인된 금액에서 30 %를 더 할인받으면 50 % 할인된 금액에서 얼마를 덜 내게 될까요?

(   )

(3) 5000원에서 70 % 할인받으면 5000원에서 얼마를 덜 내게 될까요?

(   )

(4) 각 마트의 시리얼 가격을 써 보세요.

A 마트 (   ), B 마트(   )

5 쌀 과자(10봉지)의 가격을 구하여 어느 마트에서 사는 것이 좋을지 알아보세요.

A 마트는 (   )원, B 마트는 (   )원이므로 (   )에서 사는 것이 유리하다.

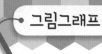

step 1   30초 개념

- 알려고 하는 수(조사한 수)를 그림으로 나타낸 그래프를 그림그래프라고 합니다.
- 그림그래프의 특징
  - 그림의 크기로 많고 적음을 알 수 있습니다.
  - 복잡한 자료를 간단하게 보여 줍니다.
  - 자료를 한눈에 보기 쉽게 정리하여 표현할 수 있습니다

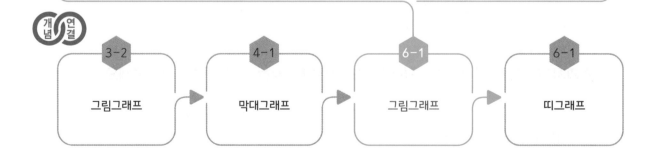

step 2 설명하기

질문 ❶ 국가별 1인당 이산화탄소 배출량을 조사한 표를 그림그래프로 나타내어 보세요.

국가별 1인당 이산화탄소 배출량

국가	대한민국	미국	영국	칠레
1인당 이산화탄소 배출량(억 t)	12	16	7	5

국가별 1인당 이산화탄소 배출량

국가	배출량
대한민국	
미국	
영국	
칠레	

설명하기

국가별 1인당 이산화탄소 배출량

국가	배출량
대한민국	(이산화탄소) (이산화탄소) (이산화탄소)
미국	(이산화탄소) (이산화탄소) (이산화탄소) (이산화탄소) (이산화탄소) (이산화탄소) (이산화탄소)
영국	(이산화탄소) (이산화탄소) (이산화탄소) (이산화탄소) (이산화탄소) (이산화탄소) (이산화탄소)
칠레	(이산화탄소) (이산화탄소) (이산화탄소) (이산화탄소) (이산화탄소)

(이산화탄소) 10억 t
(이산화탄소) 1억 t

질문 ❷ 권역별 보리 생산량을 나타낸 그림그래프를 보고 알 수 있는 내용을 3가지 써 보세요.

설명하기
① 서울 · 인천 · 경기 지역의 보리 생산량은 25만 t입니다.
② 대구 · 부산 · 울산 · 경상 지역의 보리 생산량은 강원 지역의 보리 생산량의 2배입니다.
③ 광주 · 전라 지역의 보리 생산량이 53만 t으로 가장 많습니다.

권역별 보리 생산량

10만 t
1만 t

[1~4] 겨울이네 학교 6학년 학생들이 학교 도서관에서 빌린 책의 수를 조사하여 나타낸 그림그래프입니다. 물음에 답하세요.

반별 도서관에서 빌린 책의 수

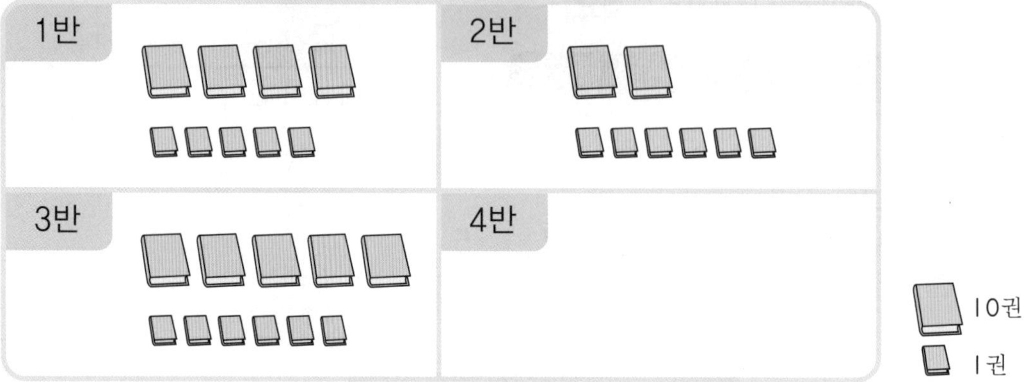

1 4반에서 빌려 간 책이 36권일 때 그림그래프를 완성해 보세요.

2 1~3반에서 빌려 간 책은 각각 몇 권인가요?

1반 (   )
2반 (   )
3반 (   )

3 1~4반에서 빌려 간 책은 모두 몇 권인가요?

(   )

4 위의 그림그래프를 통해 더 알 수 있는 사실을 써 보세요.

[5～6] 마을별 키우고 있는 돼지의 수를 조사하여 나타낸 표입니다. 물음에 답하세요.

마을별 키우고 있는 돼지의 수

마을	가	나	다	라
돼지의 수(마리)	121	112	87	155
어림값(마리)				

5 반올림하여 십의 자리까지 나타내어 표를 완성해 보세요.

6 표의 어림값을 이용하여 그림그래프를 완성해 보세요.

마을별 키우고 있는 돼지의 수

마을	돼지의 수(마리)
가	🐷 🐖 🐖
나	
다	
라	

🐷 100마리
🐖 10마리

step **4** 도전 문제

7 마을별 초등학생 수를 나타낸 그림그래프입니다. 가 마을에 살고 있는 초등학생 수가 22명일 때, 가~라 마을에 살고 있는 초등학생 수는 모두 몇 명인가요?

(   )

마을별 초등학생 수

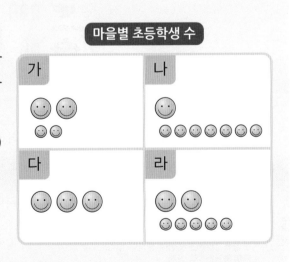

버려진 액체를 정화하려면 엄청나게 많은 물이 필요하다

무심코 버리는 적은 양의 음식물 쓰레기를 정화하기 위해서는 엄청나게 많은 물이 필요하다. 된장찌개 한 그릇을 정화하기 위해서는 1만 8천 컵의 물이 필요하고, 새빨간 육개장 한 그릇을 정화하려면 5천 1백 컵이 필요하며, 뽀얀 국물의 설렁탕 한 그릇을 정화하기 위해서는 의외로 5천 7백 컵의 물이 필요하다고 한다. 더 놀라운 사실은 소주 한 병을 정화하기

▲ 하수처리장

위해서는 9만 9천 컵의 물이 필요하고, 맥주 한 병은 4만 3천 컵의 물이 있어야 오염된 물을 정화할 수 있다는 것이다. 음식물 쓰레기를 정화하기 위해 필요한 물의 양은 다음과 같다.

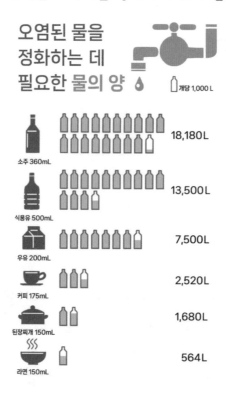

오염된 물을 정화하는 데 많은 물을 쓰더라도 물은 계속 순환하니까 괜찮을 것이라고 안이하게 생각할 수 있다. 하지만 정화 시설에 드는 많은 에너지와 돈, 시간과 노력을 따진다면 음식물 쓰레기를 최소한으로 줄이려는 노력이 반드시 필요하다.

＊**무심코**: 아무런 뜻이나 생각이 없이
＊**안이하게**: 너무 쉽게

1 이 글에서 주장하고 있는 내용은 무엇인가요?

_____

2 음식물 쓰레기를 정화하는 데 필요한 물의 양을 바르게 연결한 것은? (   )

① 설렁탕 한 그릇: 1만 8천 컵
② 맥주 한 병: 9만 9천 컵
③ 육개장 한 그릇: 5천 컵
④ 된장찌개 한 그릇: 5천 7백 컵
⑤ 소주 한 병: 9만 9천 컵

3 이 글의 그림그래프에서 정화하는 데 가장 많은 양의 물이 필요한 음식물과 가장 적은 양의 물이 필요한 음식물을 각각 써 보세요.

(,   )

4 그림그래프에서 🍶은 몇 L를 나타낼까요?

(   )

5 우유를 정화하기 위한 물의 양은 커피를 정화하기 위한 물의 양의 약 몇 배인가요?

(   )

step 1 · 30초 개념

- 전체에 대한 각 부분의 비율을 띠 모양에 나타낸 그래프를 띠그래프라고 합니다.

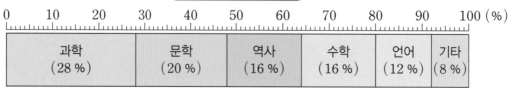

빌린 책의 종류별 권수

0 10 20 30 40 50 60 70 80 90 100 (%)

| 과학 (28 %) | 문학 (20 %) | 역사 (16 %) | 수학 (16 %) | 언어 (12 %) | 기타 (8 %) |

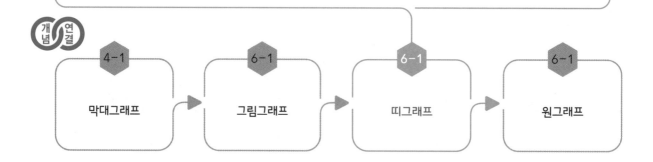

개념연결

4-1	6-1	6-1	6-1
막대그래프	그림그래프	띠그래프	원그래프

step 2 설명하기

질문 ❶ 취미 생활별 학생 수를 조사하여 나타낸 표를 완성하고 띠그래프로 나타내어 보세요.

취미 생활별 학생 수

취미 생활	독서	운동	보드게임	그림 그리기	기타	합계
학생 수(명)	90	50	30	20	10	200
백분율(%)						

설명하기

취미 생활별 학생 수

취미 생활	독서	운동	보드게임	그림 그리기	기타	합계
학생 수(명)	90	50	30	20	10	200
백분율(%)	45	25	15	10	5	100

취미 생활별 학생 수

0　10　20　30　40　50　60　70　80　90　100 (%)

독서 (45 %)	운동 (25 %)	보드게임 (15 %)	↑	↑

그림 그리기　기타
(10 %)　(5 %)

질문 ❷ 다음 띠그래프를 보고 알 수 있는 사실을 3가지 써 보세요.

빌린 책의 종류별 권수

0　10　20　30　40　50　60　70　80　90　100 (%)

과학 (28 %)	문학 (20 %)	역사 (16 %)	수학 (16 %)	언어 (12 %)	기타 (8 %)

설명하기 ① 문학 책을 빌린 학생의 비율은 20 %입니다.
② 가장 많은 학생이 빌린 책은 과학 책입니다.
③ 언어 책과 수학 책을 빌린 학생의 수를 더하면 과학 책을 빌린 학생의 수와 같습니다.

[1~4] 어느 회사에서 좋아하는 라면을 조사하여 나타낸 표입니다. 물음에 답하세요.

라면별 좋아하는 사람 수

라면	A	B	C	D	합계
사람 수(명)	50	38	80	32	200
백분율(%)					

1 가장 많은 사람이 좋아하는 라면은 무엇인가요?

(   )

2 각 항목의 백분율을 구하여 표를 완성해 보세요.

3 라면별 좋아하는 사람 수의 비율을 띠그래프로 나타내어 보세요.

```
0    10    20    30    40    50    60    70    80    90   100 (%)
```

4 조사한 자료를 띠그래프로 나타내면 좋은 점을 써 보세요.

(좋은 점) _____

5 다음 중 띠그래프로 나타내기에 적당한 것을 모두 고르세요. (   )

① 나의 키 변화   ② 하루 동안의 기온 변화
③ 어느 지역의 월별 강수량 변화   ④ 좋아하는 과일별 학생 수
⑤ 배우고 있는 운동별 학생 수

[6~8] 봄이네 학교 6학년 학생들의 혈액형을 조사한 표를 보고 물음에 답하세요.

혈액형별 학생 수

혈액형	A	B	O	AB	합계
학생 수(명)		30		15	150
백분율(%)			40		100

6 혈액형이 B형인 학생과 AB형인 학생의 백분율을 각각 구해 보세요.

B형 (   ), AB형 (   )

7 혈액형이 O형인 학생은 모두 몇 명인가요?

(   )

8 혈액형이 A형인 학생의 수와 백분율을 구해 보세요.

학생 수 (   ), 백분율 (   )

step **4** 도전 문제

[9~10] 여름이네 학교 학생들이 가장 좋아하는 과목을 조사하여 나타낸 띠그래프입니다. 물음에 답하세요.

가장 좋아하는 과목별 학생 수

과학 (20 %)	수학 (30 %)	영어	국어 (15 %)	기타 (10 %)

9 영어를 좋아하는 학생은 전체의 몇 %인가요?

(   )

10 여름이네 학교 학생 수가 모두 400명일 때, 영어를 좋아하는 학생은 모두 몇 명인가요?

(   )

우리 반 친구들의 성향* 조사하기

새 학년이 시작된 지 10일이 지났다. 오늘은 우리 반 친구들의 성향을 알아보기 위해서 선생님, 친구들과 함께 설문 조사를 해 보았다. 요즘 친구들 사이에서 큰 인기가 있는 MBTI를 조사해 보았다. MBTI는 외향적(E)인지 내향적(I)인지, 감각적(S)인지 직관적*(N)인지, 사고형(T)인지 감정형(F)인지, 계획을 중요시하는지(J) 상황에 맞춘 적응을 중요시하는지(P)에 따라 성격의 유형을 나눈 것이다. 각각의 성격 유형과 그 특징은 다음과 같이 정리할 수 있다.

ISTJ	ISFJ	INFJ	INTJ	ESTP	ESFP	ENFP	ENTP
세상의 소금형	임금 뒤편의 권력형	예언자형	과학자형	수완 좋은 활동가형	사교적인 유형	스파크형	발명가형
한번 시작한 일은 끝까지 해내는 사람들	성실하고 온화하며 협조를 잘 하는 사람들	사람과 관련된 뛰어난 통찰력을 가지고 있는 사람들	전체적인 부분을 조합하여 비전을 제시하는 사람들	친구, 운동, 음식 등 다양한 활동을 선호하는 사람들	분위기를 고조시키는 우호적 사람들	열정적으로 새로운 관계를 만드는 사람들	풍부한 상상력을 가지고 새로운 것에 도전하는 사람들

ISTP	ISFP	INFP	INTP	ESTJ	ESFJ	ENFJ	ENTJ
백과사전형	성인군자형	잔다르크형	아이디어 뱅크형	사업가형	친선 도모형	언변 능숙형	지도자형
논리적이고 뛰어난 상황 적응력을 가지고 있는 사람들	따뜻한 감정을 가지고 있는 겸손한 사람들	이상적인 세상을 만들어 가는 사람들	비평적인 관점을 가지고 있는 뛰어난 전략가형	사무적, 실용적, 현실적으로 일을 많이 하는 사람들	친절과 현실감을 바탕으로 타인에게 봉사하는 사람들	타인의 성장을 도모하고 협동하는 사람들	비전을 가지고 사람들을 활력적으로 이끌어 가는 사람들

우리 반 학생 총 40명에 대한 조사 결과를 표와 그래프로 정리해 보았다.

성격 유형	사람 수(명)	비율(%)
ENFP	8	20
ENFJ	4	10
INTJ	2	5
INTP	2	5
ENTP	4	10
ENTJ	0	0
ISTJ	0	0
ISTP	2	5

성격 유형	사람 수(명)	비율(%)
ESTP	2	5
ESTJ	0	0
ISFJ	0	0
ISFP	4	10
ESFP	4	10
ESFJ	4	10
INFJ	0	0
INFP	4	10

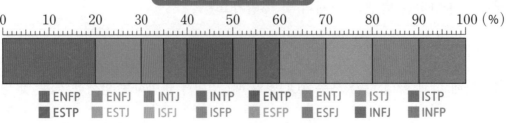

우리 반 친구들의 성격 유형

＊**성향**: 성질에 따른 경향
＊**직관적**: 판단이나 추리 따위의 사유 작용을 거치지 아니하고 대상을 직접적으로 파악하는 것

1 이 글은 반 친구들의 무엇을 알아보기 위해 작성된 글인지 빈칸에 알맞은 말을 써넣으세요.

반 학생들의 ☐☐

2 다음 중 MBTI의 성격 유형과 그 특징을 바르게 연결 지은 것은? (　　　　)

① 외향적 ― I
② 사고형 ― T
③ 계획을 중요시함 ― P
④ 상황에 대한 적응을 중요시함 ― J
⑤ 감각적 ― N

3 이 글에서 제시된 표에 대한 설명으로 옳지 <u>않은</u> 것은? (　　　　)

① 표에는 성격 유형별 사람의 수와 비율, 성격 유형, 전체 학생의 수가 나와 있다.
② 성격 유형은 총 16가지이다.
③ ENFP가 가장 많고, 비율은 20%이다.
④ 한 명도 없는 성격 유형도 있다.
⑤ 전체 학생의 수는 40명이다.

4 이 글에서 학생들의 성격 유형을 나타낸 그래프의 이름은 무엇인가요?

(　　　　　　　　　　　)

5 다음 중 비율이 <u>다른</u> 성격 유형은? (　　　　)

① ENTP　　　　　② ENFJ　　　　　③ ISTP
④ ISFP　　　　　⑤ ESFJ

19
여러 가지
그래프

step 1   30초 개념

- 전체에 대한 각 부분의 비율을 원 모양에 나타낸 그래프를 원그래프라고 합니다.

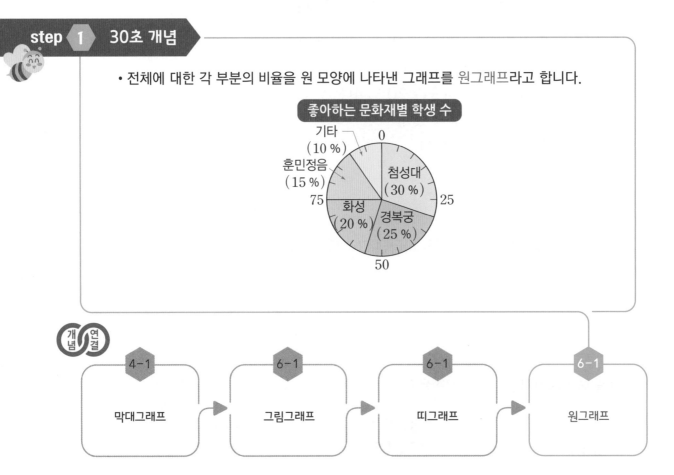

step 2 설명하기

질문 ❶ 선사관에 있는 시대별 문화재 수를 나타낸 표를 완성하고 원그래프로 나타내어 보세요.

시대별 문화재 수

시대별 문화재 수

시대	구석기	신석기	청동기	철기	합계
문화재 수(점)	500	1000	1500	2000	5000
백분율(%)	10				

설명하기 >

시대별 문화재 수

질문 ❷ 학생들이 가고 싶어 하는 체험 학습 장소를 조사하여 나타낸 원그래프를 보고 알 수 있는 사실을 3가지 써 보세요.

체험 학습 장소별 학생 수

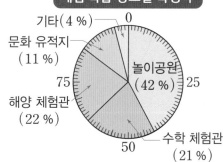

설명하기 > ① 가장 많은 학생이 가고 싶어 하는 체험 학습 장소는 놀이공원입니다.

② 수학 체험관에 가고 싶어 하는 학생은 21 %입니다.

③ 해양 체험관에 가고 싶어 하는 학생은 문화 유적지에 가고 싶어 하는 학생의 2배입니다.

[1~4] 가을이네 반 친구들이 좋아하는 분식을 조사하여 나타낸 표입니다. 물음에 답하세요.

가을이네 반 친구들이 좋아하는 분식

가을	준수	준성	하준	라은	서은	서진	연서	수민	은우
김밥	떡볶이	김밥	어묵	만두	떡볶이	떡볶이	어묵	김밥	어묵
선우	도현	예원	연수	성빈	수현	은찬	한결	민경	소정
어묵	김밥	만두	어묵	김밥	순대	만두	김밥	김밥	떡볶이

1 표를 완성해 보세요.

가을이네 반 친구들이 좋아하는 분식

종류	김밥	떡볶이	만두	어묵	순대	합계
학생 수(명)						20
백분율(%)						

2 표를 보고 원그래프로 나타내어 보세요.

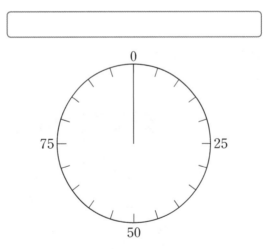

3 만두와 순대를 좋아하는 학생은 전체의 몇 %인가요?

( )

4 가장 많은 비율을 차지하는 음식과 가장 적은 비율을 차지하는 음식은 각각 무엇인지 써 보세요.

(,)

[5~6] 텃밭에 심어진 여러 가지 모종을 조사하여 나타낸 표입니다. 물음에 답하세요.

종류별 모종 수

종류	고추	가지	상추	오이	합계
모종 수 (그루)	80	40	20	60	200
백분율 (%)					

5 표를 완성해 보세요.

6 표를 보고 원그래프로 나타내어 보세요.

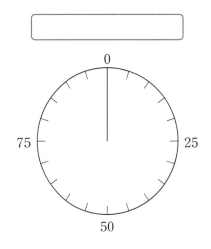

step **4** 도전 문제

[7~8] 비아초등학교 학생들이 등교하는 방법을 조사하여 원그래프로 나타내었습니다. 물음에 답하세요.

7 전체에 대한 비율이 25 %보다 큰 비율을 차지하는 등교 방법은 무엇인가요?

(   )

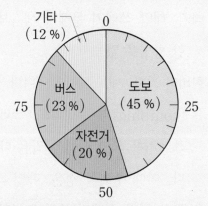

8 조사에 참여한 학생이 200명일 때, 자전거를 타고 오는 학생의 수와 버스로 등교하는 학생의 수의 차이를 구해 보세요.

(   )

해양 쓰레기, 어떻게 할 것인가?

앵커: 시청자 여러분 안녕하십니까? 6시 뉴스를 말씀드리겠습니다. 오늘은 심각한 사회 문제로 대두*되고 있는 해양 쓰레기 관련 문제에 대해서 알아보도록 하겠습니다. 한비아 기자!

한비아 기자: 네, 20☆☆년 해양 쓰레기 모니터링 지역에서 발생한 쓰레기의 총량은 4396.9 kg입니다. 쓰레기 유형으로는 플라스틱이 2775.9 kg으로 가장 많았고, 그다음으로 목재 1140.5 kg, 금속 180.4 kg, 유리 101.7 kg 순서였습니다.

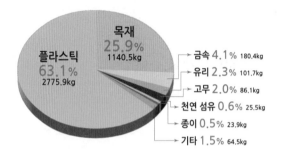

앵커: 한비아 기자, 플라스틱이 해양 쓰레기로 많은 문제가 되고 있는데 역시나 가장 많군요. 이런 해양 쓰레기는 우리 사회에 어떤 악영향*을 미치게 됩니까?

한비아 기자: 네, 일단 해양 쓰레기는 바다 동물들에게 큰 위협이 됩니다. 낚싯줄이나 그물에 걸려 목숨을 잃거나 해양 쓰레기를 먹이로 착각하고 섭취하여 죽는 경우도 많습니다. 실제로 '유엔 환경 계획(UNEP)'에 따르면 매년 100만 마리가 넘는 바다 동물들이 해양 쓰레기 때문에 죽어 간다고 합니다. 또한 해양 쓰레기는 선박 사고를 일으킬 수도 있습니다.

앵커: 해양 쓰레기 문제가 생각보다 심각한 것 같은데요. 그렇다면 해양 쓰레기를 줄이기 위한 방법은 없을까요?

한비아 기자: 네, 물론 있습니다. 비치 코밍이라는 말을 들어 보셨나요? 해변(beach)과 빗질(combing)의 합성어로, 쓰레기를 줍듯 해변을 빗질한다는 뜻입니다. 마대에 주운 해양 쓰레기를 모아 사진을 찍은 다음 가까운 지방 자치 단체에 연락하시면 처리가 된다고 합니다. 이때 주의할 점은, 해양 쓰레기는 염분을 머금고 있기 때문에 탈염* 과정을 거쳐야 하므로 일반 쓰레기 봉투에 버리시면 안 된다는 점입니다. 꼭 기억해 주시기 바랍니다. 이상 한비아 기자였습니다.

앵커: 네, 잘 들었습니다. 우리 모두의 노력이 필요한 일이겠네요.

* **대두**: 머리를 든다는 뜻으로, 어떤 세력이나 현상이 새롭게 나타남을 이르는 말
* **악영향**: 나쁜 영향
* **탈염**: 바닷물, 원유 따위에 함유되어 있는 각종 염류를 제거하는 일

1 이 글에서 다루고 있는 사회 문제는 무엇인지 빈칸에 써 보세요.

☐☐ ☐☐☐

2 다음 중 비치 코밍에 대한 설명으로 옳지 <u>않은</u> 것은? (   )

① 해변(beach)과 빗질(combing)의 합성어이다.
② 비치 코밍을 할 때, 해양 쓰레기는 일반 쓰레기 봉투에 버리면 된다.
③ 쓰레기를 줍듯 해변을 빗질한다는 의미이다.
④ 비치 코밍한 쓰레기는 사진을 찍어 가까운 지방 자치 단체에 연락하면 처리가 된다.
⑤ 해양 쓰레기는 염분을 머금고 있기 때문에 탈염 과정을 거쳐야 한다.

[3～5] 이 글에 나오는 그래프를 보고 물음에 답하세요.

3 이 글에 나오는 그래프로 알맞은 것은? (   )

① 띠그래프   ② 막대그래프   ③ 그림그래프
④ 꺾은선그래프   ⑤ 원그래프

4 해양 쓰레기 중에서 가장 높은 비율을 차지하는 쓰레기와 그 비율을 써 보세요.

(,   )

5 해양 쓰레기 중에서 네 번째로 높은 비율을 차지하는 쓰레기와 그 비율을 써 보세요.

(,   )

난 1 cm³ 쌓기나무 조각 100개로 만들어진 직육면체야.

나도 1 cm³ 쌓기나무 조각 100개로 만들어진 직육면체인데?

서로 다르게 생긴 것 같은데 부피는 같구나?

step 1 30초 개념

• 부피를 나타낼 때 한 모서리의 길이가 1 cm인 정육면체의 부피를 단위로 사용할 수 있습니다. 이 정육면체의 부피를 1 cm³라 쓰고 1 세제곱센티미터라고 읽습니다.

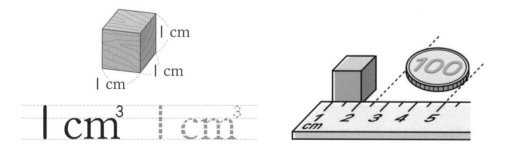

1 cm

1 cm

1 cm

1 cm³ 1 cm³

개념 연결

5-2	6-1	6-1	6-1
직육면체	각기둥과 각뿔	직육면체의 부피	m³ 알아보기

step 2 설명하기

질문 ❶ 직육면체의 부피를 구하는 공식을 쓰고, 다음 직육면체의 부피를 구해 보세요.

(직육면체의 부피)＝(   )×(   )×(   )

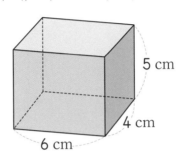

5 cm
4 cm
6 cm

설명하기 (직육면체의 부피)＝(가로)×(세로)×(높이)이므로 주어진 직육면체의 부피는
$6 \times 4 \times 5 = 120 (cm^3)$입니다.

질문 ❷ 정육면체의 부피를 구하는 공식을 쓰고, 다음 정육면체의 부피를 구해 보세요.

(정육면체의 부피)＝(   )×(   )×(   )

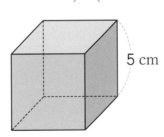

5 cm

설명하기 (정육면체의 부피)＝(한 모서리의 길이)×(한 모서리의 길이)×(한 모서리의 길이)
이므로 주어진 정육면체의 부피는
$5 \times 5 \times 5 = 125 (cm^3)$입니다.

1 부피가 1 cm³인 쌓기나무를 쌓아 직육면체를 만들었습니다. 직육면체의 부피는 몇 cm³인가요?

(1) 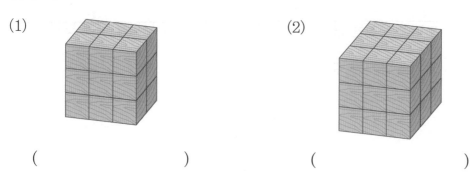 (2)

(   )   (   )

2 부피가 1 cm³인 쌓기나무를 사용하여 직육면체의 부피를 구해 보세요.

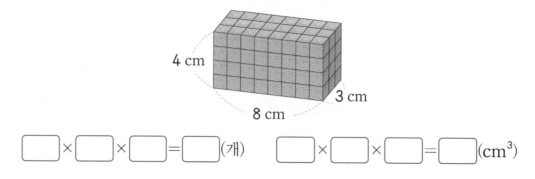

4 cm

3 cm

8 cm

$\boxed{} \times \boxed{} \times \boxed{} = \boxed{}$(개) $\boxed{} \times \boxed{} \times \boxed{} = \boxed{}$(cm³)

3 두 직육면체의 부피가 같습니다. ☐ 안에 알맞은 수를 써넣으세요.

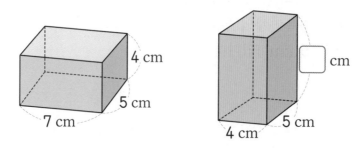

4 cm

5 cm

7 cm

☐ cm

4 cm

5 cm

4 정육면체 나의 부피는 정육면체 가의 부피의 몇 배인가요?

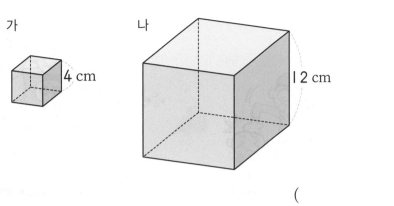

가   나

4 cm

12 cm

(   )

step **4**   도전 문제

5 부피가 $2 \, cm^3$인 작은 직육면체를 쌓아서 다음과 같은 큰 직육면체를 만들었습니다. 큰 직육면체의 부피는 몇 cm^3인가요?

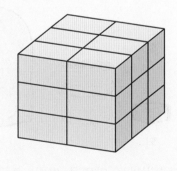

(   )

6 부피가 큰 것부터 순서대로 기호를 써 보세요.

> ㉠ 한 모서리의 길이가 7 cm인 정육면체
> ㉡ 가로 15 cm, 세로 6 cm, 높이 4 cm인 직육면체
> ㉢ 부피가 $350 \, cm^3$인 직육면체

(   )

되로 주고, 말로 받는다

'되로 주고 말로 받는다.'라는 속담에는 되와 말이라는 부피[*]의 단위가 쓰였다. 되와 말은 우리 선조[*]들이 사용했던 단위이다. 전통적인 부피의 단위를 살펴보면, '홉'은 손으로 한 줌 쥔 정도의 부피이고, '되'는 양손 가득 담아 올린 정도의 부피를 말한다. 열 되는 한 '말'과 같고, 열 말은 한 '섬'과 같은 양이다. 즉, '되로 주고 말로 받는다.'는 말은 자기가 준 것의 열 배를 돌려받는다는 의미가 된다.

홉   되   말   섬

우리나라에서는 삼국 시대부터 '되'라는 단위를 썼다. 중국으로 유학 간 학자들이 단위를 배워 온 것이 그 시작이었다. 시간이 지남에 따라 조금씩 달라지기는 했으나 되는 현재의 단위로 하면 약 1.8 L와 같다. 우리가 먹는 페트병이 대부분 1.8 L인 이유는 이러한 '되'의 영향을 받았기 때문이라고 한다. 그리고 부피는 L뿐 아니라 cm^3로 나타낼 수도 있어서 1 L는 1000 cm^3와 같다. 1000 cm^3를 입체도형으로 가늠해 보면 가로와 세로, 높이가 각각 10 cm인 정육면체의 부피가 된다.

*부피: 공간에서 한 물체가 차지하는 양
*선조: 먼 윗대의 조상

1 이 글을 읽고 '되', '말', '섬' 사이의 관계를 정리해 보세요.

| 되 | (⇒)배
(⇐)배 | 말 | (⇒)배
(⇐)배 | 섬 |

2 '되로 주고 말로 받는다.'는 말의 의미는? (   )

① 꾸준히 지속적으로 노력하면 결국에는 얻을 수 있다.

② 자기가 먼저 남에게 잘 대해 주어야 남도 자기에게 잘 대해 준다.

③ 쓸데없이 남의 일에 간섭한다.

④ 기대하지 않았던 일이 벌어지고 있다.

⑤ 남에게 조금 주고 그 대가로 몇 곱절이나 많이 받는다.

3 '되로 주고 섬으로 받는다.'는 말은 자기가 준 것의 몇 배를 돌려받는다는 의미인가요?

(   )

4 이 글에서 '한 되'는 현재의 부피 단위로 약 1.8 L라고 했습니다. 그렇다면 '한 섬'은 몇 cm³일까요?

(   )

5 가로 20 cm, 세로 20 cm, 높이 10 cm인 직육면체의 부피는 몇 cm³이고, 또 몇 L인지 구해 보세요.

(,   )

step 1 30초 개념

• 부피를 나타낼 때 한 모서리의 길이가 1 m인 정육면체의 부피를 단위로 사용할 수 있습니다. 이 정육면체의 부피를 1 m³라 쓰고, 1 세제곱미터라고 읽습니다.

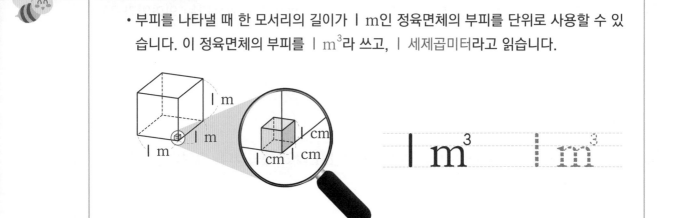

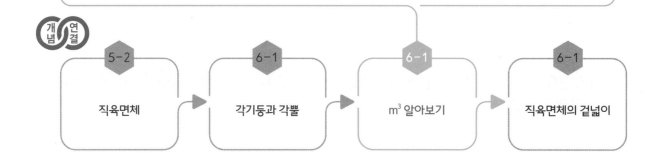

step 2 설명하기

질문 ❶ ㅣ m＝ㅣ00 cm를 이용하여 ㅣ m³은 몇 cm³인지 구하고, 그 과정을 설명해 보세요.

설명하기 > ㅣ m＝ㅣ00 cm이므로
ㅣ m³＝ㅣ m×ㅣ m×ㅣ m
　　　＝ㅣ00 cm×ㅣ00 cm×ㅣ00 cm
　　　＝ㅣ000000 cm³입니다.

질문 ❷ 학교 공터에 건물 보수를 위한 벽돌이 쌓여 있습니다. 각 벽돌 더미의 부피는 몇 m³
인지 구해 보세요.

(1)
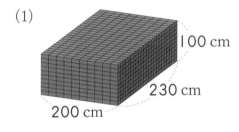

ㅣ00 cm

230 cm

200 cm

(2)
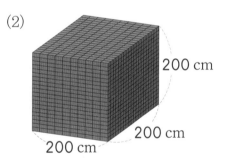

200 cm

200 cm

200 cm

설명하기 > (1) (직육면체의 부피)＝200 cm×230 cm×ㅣ00 cm
　　　　　　　　　　＝4600000 cm³입니다.
그런데 ㅣ m³＝ㅣ000000 cm³이므로 직육면체의 부피는 4.6 m³입니다.
(2) (정육면체의 부피)＝200 cm×200 cm×200 cm
　　　　　　　　　　＝8000000 cm³입니다.
그런데 ㅣ m³＝ㅣ000000 cm³이므로 정육면체의 부피는 8 m³입니다.

1 가로, 세로, 높이가 각각 1 m인 정육면체의 부피를 알아보려고 합니다. 물음에 답하세요.

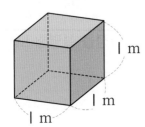

(1) 정육면체의 부피는 몇 m³인가요?

(   )

(2) 정육면체의 부피는 몇 cm³인가요?

(   )

2 ☐ 안에 알맞은 수를 써넣으세요.

(1) 2 m³ = [   ] cm³   (2) 1.7 m³ = [   ] cm³

(3) 740000 cm³ = [   ] m³   (4) 11000000 cm³ = [   ] m³

3 직육면체의 부피는 몇 m³인가요?

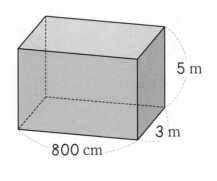

5 m

3 m

800 cm

(   )

4 다음 중 부피가 가장 큰 것은? (   )

① 76000000 cm³
② 한 모서리의 길이가 300 cm인 정육면체
③ 가로 600 cm, 세로 800 cm, 높이 2 m인 직육면체
④ 가로 4 m, 세로 6 m, 높이 3 m인 직육면체
⑤ 80 m³

5 컨테이너의 부피가 12 m³인 A 캠핑카와 컨테이너의 부피가 11500000 cm³인 B 캠핑카가 있습니다. A 캠핑카와 B 캠핑카의 컨테이너의 부피의 차는 몇 cm³인가요?

풀이 과정

(   )

6 다음 직육면체 모양의 상자에 한 모서리가 10 cm인 정육면체를 빈틈없이 담으려고 합니다. 정육면체를 몇 개까지 담을 수 있을까요?

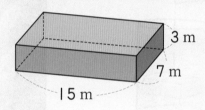

3 m

7 m

15 m

풀이 과정

(   )

7 다음 직육면체의 부피가 3.6 m³일 때 ☐ 안에 알맞은 수를 써넣으세요.

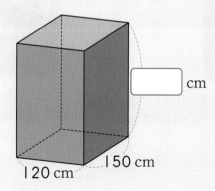

☐ cm

120 cm   150 cm

제10회 수학으로 즐거워지는 세상

6월 15일(토)~6월 16일(일) 9:00~17:30
국립중앙과학관 특별전시실(미래기술관 3층)

【체험 부스 1】 1 m³는 얼마나 될까?

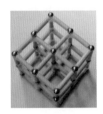

1 m³는 얼마만큼의 부피를 나타내는 것일까요? 같이 알아보아요.

【체험 부스 2】 겉넓이는 커지는데, 부피는 작아진다고?

멩거 스펀지를 만들면서 겉넓이는 계속 커지는데 부피는 계속 작아지는 경우를 알아보아요.

【체험 부스 3】 유레카!

물속에 물체를 넣으면 부피만큼 물을 밀어낸다는 '아르키메데스의 유명한 실험'을 알고 있나요? 정말 그런지 직접 확인해 볼 수 있어요.

【체험 부스 4】 빨대 블록 구조물 만들기

빨대 블록을 이용하여 다양한 구조물을 만들 수 있어요.

【체험 부스 5】 지오데식 돔 체험하기

지오데식 돔이 무엇인지 알고 있나요? 지오데식 돔에 대해 알아보고, 직접 만들어 볼 수 있어요.

【체험 부스 6】 풍선으로 만드는 다면체

풍선으로 위와 같은 다면체를 만들 수 있다는 사실을 알고 있나요? 같이 만들어 보아요.

1 이 글을 쓴 목적은 무엇인지 □ 안에 알맞은 말을 써넣으세요.

□□□□을 홍보하기 위해서

2 이 글에 제시된 수학 체험 부스 중에서 '부피'의 개념과 밀접하게 관련된 것을 모두 찾아 기호를 써 보세요.

> ㉠ 1 m³은 얼마나 될까? ㉡ 겉넓이는 커지는데, 부피는 작아진다고?
> ㉢ 유레카! ㉣ 빨대 블록 구조물 만들기
> ㉤ 지오데식 돔 체험하기 ㉥ 풍선으로 만드는 다면체

(   )

3 【체험 부스 1】에서 만드는 정육면체의 한 변의 길이는 몇 cm일까요?

(   )

4 【체험 부스 4】에서 빨대 블록으로 부피가 1 m³인 정육면체를 만들려면 한 모서리에 몇 개의 빨대가 필요할까요? (단, 사용하는 빨대의 길이는 25 cm입니다.)

(   )

5 【체험 부스 5】에서 지오데식 돔을 만들기 위해 사용한 긴 막대로 부피가 1 m³인 정육면체를 만들려면 몇 개의 긴 막대가 필요할까요? (단, 지오데식 돔을 만들기 위해 사용한 긴 막대의 길이는 50 cm입니다.)

(   )

step 1 30초 개념

- 겉넓이는 물체의 겉면의 넓이를 말합니다.
  - 직육면체의 겉넓이는 직육면체 여섯 면의 넓이의 합입니다.

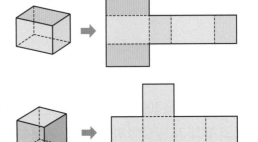

  - 정육면체는 여섯 면의 넓이가 모두 같기 때문에 한 면의 넓이에 6을 곱하면 됩니다.

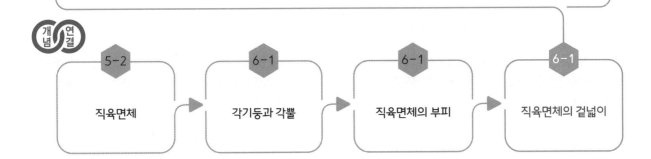

5-2	6-1	6-1	6-1
직육면체	각기둥과 각뿔	직육면체의 부피	직육면체의 겉넓이

step 2 설명하기

질문 ❶ 두 상자 중 겉넓이가 더 큰 것을 찾아 기호를 쓰고, 그 이유를 설명해 보세요.

가

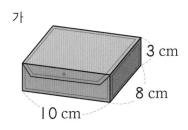

나

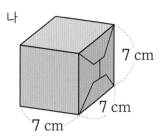

설명하기 〉 가의 겉넓이는

$$10\times8+10\times8+8\times3+8\times3+10\times3+10\times3=268(\text{cm}^2)\text{이고},$$

나의 겉넓이는

$$7\times7+7\times7+7\times7+7\times7+7\times7+7\times7=294(\text{cm}^2)\text{이므로}$$

나의 겉넓이가 더 큽니다.

질문 ❷ 직육면체의 전개도를 그리고 겉넓이를 구해 보세요.

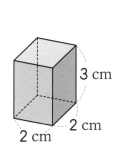

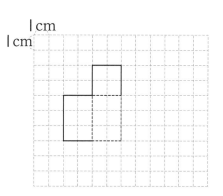

설명하기 〉 직육면체의 겉넓이는 전개도에서 한 밑면의 넓이의 2배와 옆면의 넓이를 더해서 구할 수도 있습니다.

$$(2\times2)\times2+(2+2+2+2)\times3$$
$$=32(\text{cm}^2)$$

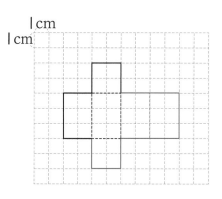

1 □ 안에 알맞은 수를 써넣으세요.

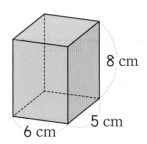

(직육면체의 겉넓이)
=(서로 다른 세 면의 넓이의 합)×2
=(30+48+□)×□
=□(cm²)

2 □ 안에 알맞은 수를 써넣으세요.

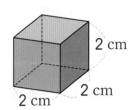

(정육면체의 겉넓이)=2×2×□=□(cm²)

3 다음 직육면체와 정육면체의 겉넓이는 각각 몇 cm²인가요?

(1)
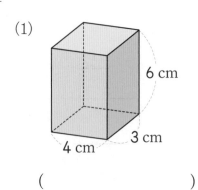

(2)
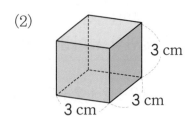

(   )   (   )

4 전개도를 접어서 만들 수 있는 직육면체의 겉넓이는 몇 cm²인가요?

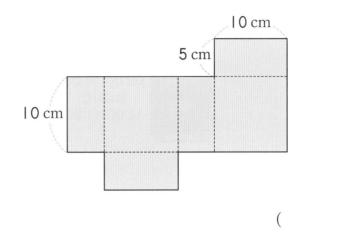

(   )

5 봄이가 문구점에서 한 면의 넓이가 36 cm²인 정육면체 모양의 액세서리 보관함을 샀습니다. 이 액세서리 보관함의 겉넓이는 몇 cm²인가요?

풀이 과정

(   )

6 직육면체 모양의 상자의 겉넓이가 216 cm²입니다. □ 안에 알맞은 수를 써넣으세요.

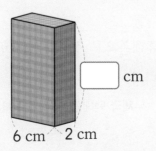

7 한 면의 둘레가 32 cm인 정육면체가 있습니다. 이 정육면체의 겉넓이는 몇 cm²인가요?

(   )

우체국 택배 이용 안내문

우체국 택배를 이용하는 고객 여러분, 안녕하세요. 우체국 택배 이용 시간은 다음과 같습니다.

업무 시간
09:00-18:00
점심시간
12:00-13:00

택배로 물건을 보내려면 먼저, 송장*을 작성해 주세요. 보내는 분과 받는 분의 성함*, 주소, 전화번호가 필요합니다. 다음으로 보내는 물건을 택배 상자에 넣어 봉합니다*.

◀ 우체국 택배 송장

상자가 없다면 구매할 수 있습니다. 꼭 물건의 부피에 맞는 상자를 선택하세요. 각 상자의 크기와 가격은 다음과 같습니다.

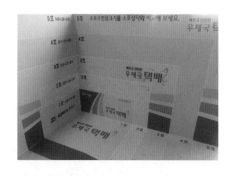

상자	사이즈 (가로×세로×높이)	가격
1호	22 cm×19 cm×9 cm	700원
2호	27 cm×18 cm×15 cm	800원
3호	34 cm×25 cm×21 cm	1,100원
4호	41 cm×31 cm×28 cm	1,700원
5호	48 cm×38 cm×34 cm	2,300원

상자와 송장을 챙겨 창구에서 접수를 합니다. 기본 배송비는 4000원이며, 무게에 따라 요금이 더 부가될 수 있습니다.

빠른 접수를 원한다면 간편 사전 접수를 이용하세요. 휴대폰으로 정보를 입력한 다음, 무게와 부피만 측정하면 되므로 더욱 빠르게 접수할 수 있습니다.

우체국 택배를 이용해 주셔서 감사합니다.

***송장**: 보내는 짐의 내용을 적은 문서
***성함**: '성명'의 높임말
***봉하다**: 문, 봉투, 그릇을 열지 못하게 꼭 붙이거나 싸서 막다.

1 이 글을 쓴 목적은 무엇인지 ☐ 안에 알맞은 말을 써넣으세요.

우체국 택배 이용 방법을 ☐☐하기 위해서

2 우체국 택배를 이용하는 순서대로 기호를 써 보세요.

> ㉠ 송장을 가지고 창구에 접수를 한다.
> ㉡ 송장을 작성한다.
> ㉢ 택배의 부피에 맞는 상자를 고른다.
> ㉣ 물건을 택배 상자에 넣어 봉한다.

( )

3 다음 그림은 택배 상자 1호입니다. ☐ 안에 알맞은 치수를 써넣으세요.

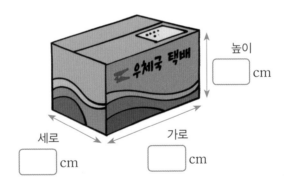

높이 ☐ cm

세로 ☐ cm

가로 ☐ cm

[4~5] 이 글을 읽고 택배 상자의 겉넓이를 구해 보세요.

4 택배 상자 1호의 겉넓이는 몇 cm^2인가요?

( )

5 택배 상자 2호의 겉넓이는 몇 cm^2인가요?

( )

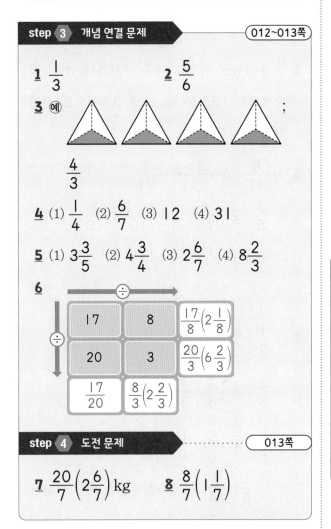

step 3 개념 연결 문제 〈012~013쪽〉

1 $\dfrac{1}{3}$ **2** $\dfrac{5}{6}$

3 (예)

$\dfrac{4}{3}$

4 (1) $\dfrac{1}{4}$ (2) $\dfrac{6}{7}$ (3) 12 (4) 31

5 (1) $3\dfrac{3}{5}$ (2) $4\dfrac{3}{4}$ (3) $2\dfrac{6}{7}$ (4) $8\dfrac{2}{3}$

6

17	8	$\dfrac{17}{8}\left(2\dfrac{1}{8}\right)$
20	3	$\dfrac{20}{3}\left(6\dfrac{2}{3}\right)$
$\dfrac{17}{20}$	$\dfrac{8}{3}\left(2\dfrac{2}{3}\right)$	

step 4 도전 문제 〈013쪽〉

7 $\dfrac{20}{7}\left(2\dfrac{6}{7}\right)$ kg **8** $\dfrac{8}{7}\left(1\dfrac{1}{7}\right)$

5 (1) $\dfrac{18}{5}$ 이므로 가분수를 대분수로 나타내면 $3\dfrac{3}{5}$ 입니다.

(2) $\dfrac{19}{4}$ 이므로 가분수를 대분수로 나타내면 $4\dfrac{3}{4}$ 입니다.

(3) $\dfrac{20}{7}$ 이므로 가분수를 대분수로 나타내면 $2\dfrac{6}{7}$ 입니다.

(4) $\dfrac{26}{3}$ 이므로 가분수를 대분수로 나타내면 $8\dfrac{2}{3}$ 입니다.

7 7일 동안 사용한 밀가루의 양은 4 kg씩 5봉 지이므로 총 20 kg을 사용했습니다. 하루에 사용한 양을 구하면
$$20\div7=\dfrac{20}{7}=2\dfrac{6}{7}(\text{kg})$$입니다.

8 어떤 자연수에 7을 곱하였더니 56이 나왔으므로 어떤 자연수는 8입니다. 바르게 계산하면
$$8\div7=\dfrac{8}{7}=1\dfrac{1}{7}$$입니다.

step 5 수학 문해력 기르기 〈015쪽〉

1 ④

2 가난하고 선량한 백성의 재물에는 절대 손대지 않고 그들을 돕겠다는 뜻

3 (식) $13\div9=\dfrac{13}{9}=1\dfrac{4}{9}$ (답) $1\dfrac{4}{9}$ 가마

4 풀이 참조

5 $\dfrac{10}{19}$ 가마

1 ① 조선 세종 대왕이 즉위한지 15년째 되는 해에 태어났습니다.

② 홍판서와 노비 출신 어머니 사이에서 태어났습니다.

③ 입신양명에 뜻이 있었으나 그 길이 막혔습니다.

⑤ 나중에는 도적 떼인 '활빈당'의 우두머리가 되었습니다.

3 쌀이 13가마이고 집이 아홉 집이므로 모두 똑같이 나누면 $13\div9=\dfrac{13}{9}=1\dfrac{4}{9}(\text{가마})$씩 가지게 됩니다.

4 (예) 콩이 7가마이고 집이 열 집이므로 모두 똑같이 나누는 것을 그림으로 나타내면 다음과 같습니다.

따라서 한 집에 $\dfrac{7}{10}$ 가마씩 가지게 됩니다.

5 수수가 10가마이고 윗마을과 아랫마을 모두 열아홉 집이므로 모두 똑같이 나누면

$10 \div 19 = \dfrac{10}{19}$ (가마)씩 가지게 됩니다.

02 (분수)÷(자연수)

step 3 개념 연결 문제 ········· 018~019쪽

1 풀이 참조, $\dfrac{2}{7}$

2 $\dfrac{1}{4}$

3 (1) (앞에서부터) 8, 4, 11, $\dfrac{2}{11}$

(2) (앞에서부터) 6, 6, $\dfrac{3}{10}$

(3) (앞에서부터) 7, $\dfrac{1}{14}$

(4) (앞에서부터) $\dfrac{1}{3}$, $\dfrac{7}{33}$

4 (1) (앞에서부터) 6, 6, $\dfrac{3}{5}$

(2) (앞에서부터) 6, $\dfrac{1}{2}$, $\dfrac{6}{10}\left(\dfrac{3}{5}\right)$

5 ㉢, ㉡, ㉠

6 (앞에서부터) $\dfrac{8}{7}\left(1\dfrac{1}{7}\right)$, $\dfrac{8}{21}$

step 4 도전 문제 ········· 019쪽

7 $\dfrac{5}{3}\left(1\dfrac{2}{3}\right)$　　8 $\dfrac{51}{20}\left(2\dfrac{11}{20}\right)$ cm

---

1
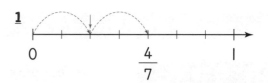

2 $\dfrac{3}{4}$을 3등분 한 것의 1을 구하면 됩니다. 결과적으로 12등분 한 것 중 3개이므로 전체의 $\dfrac{1}{4}$입니다.

3 (1) $\dfrac{8}{11} \div 4 = \dfrac{8 \div 4}{11} = \dfrac{2}{11}$

(2) $\dfrac{3}{5} \div 2 = \dfrac{6}{10} \div 2 = \dfrac{6 \div 2}{10} = \dfrac{3}{10}$

(3) $\dfrac{1}{2} \div 7 = \dfrac{1}{2} \times \dfrac{1}{7} = \dfrac{1}{14}$

(4) $\dfrac{7}{11} \div 3 = \dfrac{7}{11} \times \dfrac{1}{3} = \dfrac{7}{33}$

5 ㉠ $\dfrac{1}{2} \div 7 = \dfrac{1}{2} \times \dfrac{1}{7} = \dfrac{1}{14}$

㉡ $\dfrac{3}{8} \div 3 = \dfrac{\overset{1}{\cancel{3}}}{8} \times \dfrac{1}{\underset{1}{\cancel{3}}} = \dfrac{1}{8}$

㉢ $\dfrac{5}{6} \div 4 = \dfrac{5}{6} \times \dfrac{1}{4} = \dfrac{5}{24}$

$\dfrac{1}{14}$, $\dfrac{1}{8}$, $\dfrac{5}{24}$의 크기를 통분을 해서 비교하면 $\dfrac{12}{168}$, $\dfrac{21}{168}$, $\dfrac{35}{168}$이고 값이 큰 순서대로 ㉢, ㉡, ㉠입니다.

6 $2\dfrac{2}{7} \div 2 = \dfrac{16 \div 2}{7} = \dfrac{8}{7} = 1\dfrac{1}{7}$

$1\dfrac{1}{7} \div 3 = \dfrac{8}{7} \times \dfrac{1}{3} = \dfrac{8}{21}$

7 $\square \div 8 = \dfrac{5}{24}$, $\square \times \dfrac{1}{8} = \dfrac{5}{24}$,

$\square = \dfrac{5}{\underset{3}{\cancel{24}}} \times \cancel{8} = \dfrac{5}{3}$입니다.

8 $10\dfrac{1}{5}$ cm인 정사각형의 한 변의 길이는

$10\dfrac{1}{5} \div 4 = \dfrac{51}{5} \times \dfrac{1}{4} = \dfrac{51}{20} = 2\dfrac{11}{20}$ (cm)입니다.

1 소작농 **2** ④

3 $\dfrac{2}{5}$, $\dfrac{3}{10}$, $\dfrac{1}{5}$ **4** 2명, 3명, 2명

5 $\dfrac{1}{10}$

2 '잘못된 세금 정책으로 대부분이 소작농인 백성들이 고통받자 숙종은 이를 바로잡고자 쌀을 공납 대신 세금으로 내는 '대동법'을 전국적으로 실시했다.'라고 되어 있습니다.

5 순복은 김 진사네 땅의 $\dfrac{3}{10}$만큼을 아들 2명과 같이 농사짓고 있기 때문에 순복의 첫째 아들이 농사짓고 있는 땅은

$\dfrac{3}{10} \div 3 = \dfrac{3 \div 3}{10} = \dfrac{1}{10}$입니다.

03 각기둥

1

각기둥인 것	각기둥이 아닌 것
나, 라, 마	가, 다, 바

2 ③ **3**

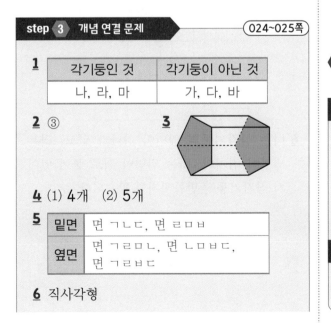

4 (1) 4개 (2) 5개

5

밑면	면 ㄱㄴㄷ, 면 ㄹㅁㅂ
옆면	면 ㄱㄹㅁㄴ, 면 ㄴㅁㅂㄷ, 면 ㄱㄹㅂㄷ

6 직사각형

7 두 밑면이 평행하지만 합동이 아닙니다. 옆면이 직사각형이 아닙니다.

8 봄, 겨울

2 ③ 각기둥의 밑면은 2개입니다.

8 각기둥의 밑면은 2개이고, 각기둥의 옆면은 모두 직사각형입니다.

1 ㉠, ㉢, ㉡ **2** 육각형

3 사각기둥, 오각기둥, 육각기둥

4

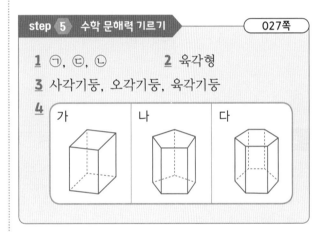

가	나	다

2 '주상절리의 윗부분은 보통 육각형이라고 알려져 있는데'라고 쓰여 있습니다.

04 각기둥의 모서리, 꼭짓점, 높이

1 삼각기둥 **2** ㉠, ㉢

3 (1) 4 (2) 15개, 21개

4 (1) × (2) × (3) ○ (4) ○

5 칠각기둥

6 20 **7** 48 cm

2 ㉠ 꼭짓점 ㉡ 모서리 ㉢ 꼭짓점
    ㉣ 모서리 ㉤ 모서리

3 (1) 가의 꼭짓점의 수는 10개이고, 나의 꼭짓
    점의 수는 14개이므로 꼭짓점의 수의 차
    이는 4입니다.

4 (1) 육각기둥의 모서리의 수는 18개입니다.
    (2) 옆면이 3개인 각기둥은 삼각기둥입니다.

6 ㉠ 사각기둥의 면의 수는 6개이고, ㉡ 칠각
    기둥의 꼭짓점의 수는 14개입니다.
    따라서 ㉠과 ㉡의 합은 20입니다.

7 사각기둥의 모서리의 수는 12개이고, 모든
    변의 길이가 4 cm로 같으므로 모서리의 길
    이의 합은 4×12=48(cm)입니다.

---

step 5	수학 문해력 기르기	033쪽

1 ②, ④

2 꼭짓점, 모서리

3 사각기둥, 오각기둥

4

사각기둥		오각기둥	
밑면의 모양	사각형	밑면의 모양	오각형
꼭짓점	8개	꼭짓점	10개
모서리	12개	모서리	15개

5 18개, 27개

---

2 인물들의 대화에서 이쑤시개는 모서리 역할
    을 하고, 스티로폼 공은 꼭짓점 역할을 한다
    고 되어 있습니다.

5 구각기둥은 꼭짓점이 18개이고, 모서리는
    27개이므로 연결 부위는 18개, 막대는 27
    개가 필요합니다.

05	각기둥의 전개도

step 3	개념 연결 문제	036~037쪽

1 (1) 삼각기둥   (2) 육각기둥

2 풀이 참조

3

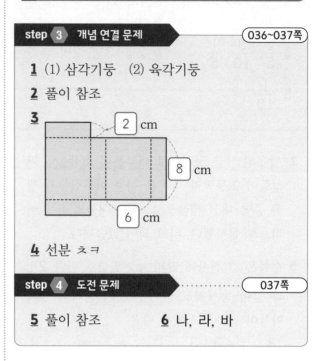

4 선분 ㅊㅋ

step 4	도전 문제	037쪽

5 풀이 참조   **6** 나, 라, 바

2

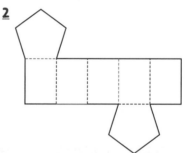

5 예)

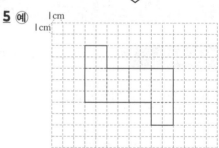

6 나는 삼각기둥의 옆면이 하나가 없고, 라는
    밑면이 겹치며, 바는 밑면이 서로 붙어 있어
    서 삼각기둥이 만들어지지 않습니다.

입체도형	가	나
밑면의 모양	삼각형	삼각형
옆면의 모양	삼각형	직사각형
밑면의 수	1개	2개

6

---

step 5 수학 문해력 기르기   039쪽

1 이 글의 중심 내용은 종이(평면)로 입체를 만들 수 있다는 내용입니다.

2 ②

3

---

2 ② 종이 한 장으로 자동차를 만들 수도 있습니다.

3 밑면의 모양이나 글 속의 그림을 보면 알 수 있습니다.

---

06 각뿔

step 3 개념 연결 문제   042~043쪽

1 ④   **2** 밑면, 옆면

3 풀이 참조   **4** ④

5 풀이 참조

step 4 도전 문제   043쪽

6 풀이 참조

7 ⑩ 옆면이 삼각형이 아닙니다. 밑면이 1개가 아닙니다.

3

4 ④ 각뿔의 밑면은 1개입니다.

5

---

step 5 수학 문해력 기르기   045쪽

1 ④   **2** 내세

3 각뿔

4 ⑩ 안전성을 이유로 뿔의 형태로 되어 있을 것입니다.

5 풀이 참조

---

1 칠레에 대한 언급은 없습니다.

2 '이집트 피라미드는 파라오가 죽어서 내세로 가는 통로 역할을 했고'라고 쓰여 있습니다.

3 각뿔의 이름은 다르지만 피라미드와 같은 입체도형의 이름은 각뿔입니다.

5 ⑩ (공통점) 아래의 면이 사각형입니다.

(차이점) 왼쪽의 건축물은 각뿔이고 오른쪽은 직육면체 모양입니다. 왼쪽 건축물은 뾰족하지만, 오른쪽 건축물은 그렇지 않습니다.

---

07 각뿔의 모서리, 꼭짓점, 높이

step 3 개념 연결 문제   048~049쪽

1 (1) 오각형   (2) 오각뿔

2 (1) 7개   (2) 1개

3 풀이 참조

4 (1) ×   (2) ×   (3) ×   (4) ○

5 (1) 6개   (2) 10개   (3) 6개

6 육각뿔

7 풀이 참조; 26   **8** 팔각뿔

2 칠각뿔은 옆면이 7개이고, 밑면이 1개입니다.

3

4 (1) 육각뿔의 모서리의 수는 12개입니다.

  (2) 옆면이 3개인 각뿔은 삼각뿔입니다.

  (3) 각뿔에서 옆면과 옆면이 만나는 선분은 높이가 아닙니다. 각뿔의 꼭짓점에서 밑면에 수직인 선분의 길이를 높이라고 합니다.

7 (풀이 과정) 육각뿔의 모서리의 수는 12개이고, 칠각뿔의 모서리의 수는 14개이므로 12+14=26입니다.

8 첫 번째와 두 번째는 각뿔의 특징을 이야기하고 있습니다. 꼭짓점과 면의 수를 합해서 18개가 되면 각뿔의 꼭짓점의 수와 면의 수는 같으므로 꼭짓점의 수는 9, 면의 수도 9입니다. 꼭짓점의 수와 면의 수가 각각 9개인 각뿔은 팔각뿔입니다.

1 ③   **2** ④

3 사각뿔, 삼각뿔   **4** 육각뿔

1 ① 수심 20~40 m에 설치합니다.

  ② 설치 사업은 1971년에 시작되었습니다.

  ④ 주로 사용되는 것은 시멘트 구조물입니다.

  ⑤ 현재는 바다낚시, 스킨스쿠버 등 다양한 목적으로 활용되고 있습니다.

2 ④ 24개의 방과 공간이 존재하여 패류의 은신처를 제공한다고 되어 있습니다.

---

1 163, 163, 16.3

2 117, 117, 1.17

3 (왼쪽에서부터) 324, 32.4, 3.24, $\dfrac{1}{10}$, $\dfrac{1}{100}$

4 (1) 26.4, 2.64   (2) 32.1, 3.21

5 (1) 128, 38.4, 3.84

  (2) 188, 75.2, 7.52

6 (앞에서부터) 867, 8.67

7 15.4 m   **8** 9.1 cm

1 1 cm=10 mm이기 때문에 163 mm=16.3 cm입니다.

2 1 m=100 cm이기 때문에 117 cm=1.17 m입니다.

7 462÷3=154이므로 46.2÷3=15.4(m)입니다.

8 정사각형의 네 변의 길이는 모두 같으므로 한 변의 길이는 36.4÷4=9.1(cm)입니다.

1 ①, ③   **2** ③

3 (1) 36.6 kg   (2) 6배

  (3) (식) 36.6÷6=6.1 (답) 6.1 kg

4 (식) 36.6÷3=12.2 (답) 12.2 kg

5 9.4 kg

1 '지구와 다른 행성의 환경을 비교하고, 각 행성의 특징을 살펴보며 혹시나 생물이 살고

있는지 알아보고 있는 것이다.'라고 쓰여 있습니다.

2 각 행성의 중력은 태양은 2798 %, 목성은 236 %, 달의 중력이 지구 중력의 16 %이고, 화성은 37 %입니다.

4 지구에서 향기의 몸무게가 36.6 kg이고, 이것이 어떤 행성에서의 몸무게의 3배이므로 식을 '36.6÷3'과 같이 세울 수 있습니다.

5 지구에서의 몸무게는 달에서의 몸무게의 6배이므로 으뜸이의 달에서의 몸무게는 56.4÷6=9.4(kg)입니다.

step 3 개념 연결 문제 ▶ 060~061쪽

1 5284, 5284, 4, 1321, 13.21

2 □□.□

3 (1) $94.2 \div 3 = \dfrac{942}{10} \div 3 = \dfrac{942 \div 3}{10}$

$\qquad = \dfrac{314}{10} = 31.4$

(2) $4.92 \div 4 = \dfrac{492}{100} \div 4 = \dfrac{492 \div 4}{100}$

$\qquad = \dfrac{123}{100} = 1.23$

4 (1) 1.06 (2) 0.44

5 (1) > (2) <   **6** 0.77

step 4 도전 문제 ▶ 061쪽

7 풀이 참조; 0.86

8 2.3 L

2 소수의 나눗셈을 구할 때는 원래 나누어지는 소수의 소수점을 그대로 따릅니다.

4 (1)
```
       1. 0 6
   3)3. 1 8
     3
     1 8
     1 8
       0
```
(2)
```
       0. 4 4
   2)0. 8 8
     8
       8
       8
       0
```

5 (1) 32.1÷3=10.7이고, 48.6÷6=8.1이므로 32.1÷3 > 48.6÷6입니다.

(2) 10.05÷5=2.01이고, 25.2÷6=4.2이므로 10.05÷5 < 25.2÷6입니다.

7 예 방법 1 분수로 바꾸어 계산하기

$2.58 \div 3 = \dfrac{258}{100} \div 3 = \dfrac{258 \div 3}{100}$

$\qquad = \dfrac{86}{100} = 0.86(L)$

방법 2 세로셈으로 계산하기
```
       0. 8 6
   3)2. 5 8
     2 4
     1 8
     1 8
       0
```

8 담장의 넓이는 8 m²이고 페인트를 18.4 L 사용했으므로 1 m²의 담장에 사용한 페인트의 양은 18.4÷8=2.3(L)입니다.

step 5 수학 문해력 기르기 ▶ 063쪽

1 ②   **2** ④

3 식 25.65÷5=5.13 답 5.13 km

4 (1) 6개 (2) 7.14 m

2 ④ 이렇게 아름다운 타지마할이 완공되었음에도 왕비에 대한 그의 그리움은 더해 갔고 중병에 걸려 정사를 돌보기도 힘들게 되었다.

3 글쓴이는 5시간에 걸쳐 25.65 km를 걸었
으므로 한 시간 동안 걸은 거리는

$$25.65 \div 5 = \frac{2565}{100} \div 5$$

$$= \frac{2565 \div 5}{100} = \frac{513}{100}$$

$$= 5.13(km)입니다.$$

4 (2) $42.84 \div 6 = \frac{4284}{100} \div 6 = \frac{4284 \div 6}{100}$

$$= \frac{714}{100} = 7.14 \, m$$

10 소수점 아래 0을 내려 (소수)÷(자연수) 계산하기

step 3 개념 연결 문제 (066~067쪽)

1 100, 1000, 1000, $\frac{725}{1000}$, 0.725

2 (1) $5.88 \div 8 = \frac{588}{100} \div 8 = \frac{5880}{1000} \div 8$

$$= \frac{5880 \div 8}{1000} = \frac{735}{1000}$$

$$= 0.735$$

(2) $0.98 \div 4 = \frac{98}{100} \div 4 = \frac{980}{1000} \div 4$

$$= \frac{980 \div 4}{1000} = \frac{245}{1000}$$

$$= 0.245$$

3 (1) 풀이 참조 (2) 풀이 참조

4 1.406

5 7.81÷5에 ○표

6 풀이 참조

step 4 도전 문제 067쪽

7 풀이 참조

8 풀이 참조; 1.15 cm

---

3 (1)
```
      0. 6 9 6
   5)3. 4 8 0
     3 0
     ───────
       4 8
       4 5
     ───────
         3 0
         3 0
     ───────
            0
```
(2)
```
      0. 1 4 5
   4)0. 5 8 0
     4
     ───────
     1 8
     1 6
     ───────
       2 0
       2 0
     ───────
          0
```

4 가장 큰 수는 7.03이고, 가장 작은 수는 5
이므로

$$7.03 \div 5 = \frac{703}{100} \div 5 = \frac{7030}{1000} \div 5$$

$$= \frac{7030 \div 5}{1000} = \frac{1406}{1000} = 1.406$$

입니다.

5 나눗셈의 몫을 구해 보면 $2.91 \div 2 = 1.455$
이고, $6.81 \div 6 = 1.135$이며
$7.81 \div 5 = 1.562$이므로 몫이 1.5보다 크
고 2보다 작은 식은 $7.81 \div 5$입니다.

6 나눗셈의 몫을 구해 보면
$20.14 \div 4 = 5.035$이고,
$30.3 \div 6 = 5.05$이며 $25.2 \div 5 = 5.04$이
므로 관계있는 것끼리 이으면 다음과 같습니다.

7
```
      0. 8 5 5
   4)3. 4 2 0
     3 2
     ───────
       2 2
       2 0
     ───────
         2 0
         2 0
     ───────
            0
```

8 밑면이 4 cm인 삼각형의 넓이는
$4 \times (높이) \div 2 = 2.3$이므로 $2 \times (높이) = 2.3$
입니다.
따라서 높이는 $2.3 \div 2 = 1.15(cm)$입니다.

1 ②   2 ②

3 (식) $32.1 \div 30 = \dfrac{321}{10} \div 30$

$\qquad = \dfrac{3210 \div 30}{100}$

$\qquad = \dfrac{107}{100} = 1.07$

(답) 1.07 kWh

4 (식) $306 \div 30 = 10.2$ (답) 10.2 kWh

5 1.75 kWh

---

2 ① 태양광 시스템은 다른 신재생 에너지 설비에 비해 설치가 간단하고 저가에 공급됩니다.

③ 베란다형의 경우 하루 중 태양광으로 전기를 생산할 수 있는 시간은 3시간이 조금 넘습니다.

④ 태양광 집열판 중 베란다형의 경우 한 달에 32.1 kWh의 전기를 생산합니다.

⑤ 매년 서울시에는 태양광 발전 보급 용량, 설치 가구 수를 늘리고 있습니다.

5 $2 m^2$에 $3.5 kWh$를 생산했으므로 $1 m^2$당 생산한 에너지를 구하려면 다음과 같이 식을 세우면 됩니다. $3.5 \div 2 = 1.75 (kWh)$

---

11 (자연수)÷(자연수)의 몫을 소수로 나타내기

1 (앞에서부터) 10, 10, 250, 2.5

2 (1) $3 \div 2 = \dfrac{3}{2} = \dfrac{15}{10} = 1.5$

(2) $9 \div 5 = \dfrac{9}{5} = \dfrac{18}{10} = 1.8$

3 풀이 참조   4 6.4, 1.28

5 (1) > (2) =   6 3.75

---

7 풀이 참조; 0.125 kg

8 4.4

---

3 (1)
```
      3.2
 5) 1 6
    1 5
      1 0
      1 0
         0
```

(2)
```
      0.5
 6) 3 0
    3 0
       0
```

5 (1) $3 \div 5 = 0.6$이고,

$8 \div 16 = \dfrac{1}{2} = \dfrac{5}{10} = 0.5$이므로 $3 \div 5$가 더 큽니다.

(2) $9 \div 6 = \dfrac{3}{2} = \dfrac{15}{10} = 1.5$이고

$12 \div 8 = \dfrac{3}{2} = \dfrac{15}{10} = 1.5$이므로 $9 \div 6$과 $12 \div 8$의 결과는 같습니다.

6 가장 큰 수는 15이고, 가장 작은 수는 4이므로 식을 세우면 $15 \div 4$가 되고, 계산을 하면

$15 \div 4 = \dfrac{15}{4} = \dfrac{15 \times 25}{4 \times 25} = \dfrac{375}{100} = 3.75$

입니다.

7 (예) 주머니 4개의 무게가 모두 5 kg이고, 주머니 한 개에 쇠공이 10개씩 있으므로 5 kg은 쇠공 40개의 무게입니다. 따라서 쇠공 하나의 무게를 구하려면 $5 \div 40$이 되어야 합니다. 자연수의 나눗셈을 계산하면

$5 \div 40 = \dfrac{1}{8} = \dfrac{125}{1000} = 0.125 (kg)$입니다.

8 어떤 자연수를 □라 하면 $\square \times 5 = 110$이므로 어떤 자연수는 22입니다.

바르게 계산하면 $22 \div 5 = 4.4$입니다.

1 ④   **2** ④

3 18 K는 $\dfrac{18}{24}$ 의 순도를 가지고 있는 금을 말합니다.

4 0.75   **5** 0.25, 0.5

1 캐럿은 금의 순도를 나타내는 단위입니다.

2 ④ 트로이 목마에 대한 언급은 글에서 찾아볼 수 없습니다.

4 18 K는 $\dfrac{18}{24}$ 의 순도이므로

$$\dfrac{18}{24}=\dfrac{3}{4}=\dfrac{75}{100}=0.75가 됩니다.$$

5 6 K는 $\dfrac{6}{24}$ 의 순도이므로

$$\dfrac{6}{24}=\dfrac{1}{4}=\dfrac{25}{100}=0.25이고,$$

12 K는 $\dfrac{12}{24}$ 의 순도이므로

$$\dfrac{12}{24}=\dfrac{1}{2}=\dfrac{5}{10}=0.5입니다.$$

---

12 두 수의 비

1 (○) (   )

2 (위에서부터) 9, 7, 9, 9

3 (1) 4 : 7   (2) 8 : 16

4 풀이 참조

5 9 : 11

6 (1) 4 : 2   (2) 2 : 4

---

7 14 : 15

8 가을 ; 5 : 9는 9에 대한 5의 비이고, 9 : 5 는 5에 대한 9의 비이므로 서로 다릅니다.

4

7 29명 중에서 15명이 남학생이므로 여학생은 14명입니다.

---

1 현, 길이   **2** ⑤

3 2배   **4** 16 cm

5 1 : 4

2 ⑤ 시 : 도=128 : 243입니다.

3 '현의 중간에 브리지를 두어 현의 길이가 $\dfrac{1}{2}$ 이 되면 한 옥타브 높은 '도' 소리가 났다.'라고 되어 있으므로 낮은 도는 높은 도 현의 길이의 2배가 됩니다.

4 '도' 음을 내기 위한 현의 길이에 대한 '라' 음을 내기 위한 현의 길이의 비는 16 : 27이므로 27 cm에 대한 '라' 음을 내기 위한 현의 길이의 비가 16 : 27이 되어야 합니다.
따라서 '라' 음을 내기 위한 현의 길이는 16 cm입니다.

5 4분음표 하나의 음의 길이는 16분음표 4개의 음의 길이를 합한 것과 같으므로 4분음표에 대한 16분음표의 음의 길이의 비는 1 : 4 입니다.

step 3 개념 연결 문제 084~085쪽

1 7, 4

2 (1) $\dfrac{4}{5}$ (2) $\dfrac{6}{7}$

3 (1) 0.4 (2) 0.75 **4** 풀이 참조

5 ②, ④   **6** ㉠, ㉢, ㉡

7 풀이 참조

step 4 도전 문제 085쪽

8 $\dfrac{54}{90}\left(\dfrac{3}{5}\right)$, 0.6   **9** $\dfrac{60}{80}\left(\dfrac{3}{4}\right)$, 0.75

3 (1) $\dfrac{2}{5}=\dfrac{4}{10}=0.4$

  (2) $\dfrac{3}{4}=\dfrac{75}{100}=0.75$

4

비	비교하는 양	기준량	비율
7과 14의 비	7	14	$\dfrac{7}{14}\left(\dfrac{1}{2}\right)=0.5$
25에 대한 6의 비	6	25	$\dfrac{6}{25}=0.24$

6 ㉠ 8에 대한 5의 비

  $5:8 \Rightarrow \dfrac{5}{8}(0.625)$

  ㉡ 6과 15의 비

  $6:15 \Rightarrow \dfrac{6}{15}\left(\dfrac{2}{5},\ 0.4\right)$

  ㉢ 3의 5에 대한 비

  $3:5 \Rightarrow \dfrac{3}{5}(0.6)$

  이므로 비율이 가장 큰 순서대로 정리하면
  ㉠, ㉢, ㉡입니다.

7 20에 대한 12의 비는 $\dfrac{12}{20}=\dfrac{3}{5}=0.6$이 됩
  니다.

8 90명 중에서 54명이 결승선을 통과했습니
  다. 따라서 참가한 인원수에 대한 결승선을
  통과한 인원수를 구하면 $\dfrac{54}{90}=\dfrac{6}{10}=0.6$입
  니다.

9 가로 길이에 대한 세로의 길이의 비율은
  $\dfrac{60}{80}=\dfrac{3}{4}=\dfrac{75}{100}=0.75$입니다.

step 5 수학 문해력 기르기 087쪽

1 (1) 인도, 모나코
  (2) 인구는 사람의 수이고, 인구 밀도는 단위
  면적에 대한 사람의 수이기 때문이다.

2 ②   **3** ③

4 단위 면적 1 km², 인구

5 620, 710

1 인구가 가장 많은 나라는 인도이고, 인구 밀
  도가 가장 높은 나라는 모나코입니다.

2 세계적으로 잘사는 나라의 인구 밀도는 높다
  는 것에 대한 내용은 없습니다.

3 '북위 25~26도선의 인구 밀도가 가장 높고'
  라고 쓰여 있습니다.

4 인구 밀도는 단위 면적에 대한 인구의 수입
  니다.

5 A 도시: $\dfrac{18600}{30}=620$

  B 도시: $\dfrac{31950}{45}=710$입니다.

step 3 개념 연결 문제 (090~091쪽)

1 (위에서부터)간 거리, 걸린 시간

2 $\dfrac{25}{3}$ **3** 40

4 $\dfrac{2}{9}$

5 $\dfrac{2}{5}$(0.4), $\dfrac{1}{2}$(0.5), 여름

6 110, 100, A 기차

step 4 도전 문제 091쪽

7 $\dfrac{1}{20000}$ **8** 풀이 참조; 봄

2 100 m를 뛰는 데 걸린 시간에 대한 거리의 비율은 $\dfrac{100}{12}=\dfrac{25}{3}$입니다.

3 넓이에 대한 인구의 비율은 $\dfrac{160}{4}=40$입니다.

4 레몬주스 양에 대한 레몬 원액의 양의 비율은 $\dfrac{80}{360}=\dfrac{2}{9}$입니다.

5 두 사람의 소금물 양에 대한 소금의 양의 비율을 구하면

봄이는 $\dfrac{140}{350}=\dfrac{2}{5}=0.4$이고, 여름이는 $\dfrac{210}{420}=\dfrac{1}{2}=0.5$입니다.

비율이 높은 사람이 더 진한 소금물을 만든 사람이므로 여름이가 더 진한 소금물을 만들었습니다.

6 두 기차의 걸린 시간에 대한 간 거리의 비율을 구해 보면

A 기차는 $\dfrac{330}{3}=110$이고,

B 기차는 $\dfrac{400}{4}=100$입니다.

비율이 높은 기차가 더 빨리 달린 것이므로 A 기차가 더 빠릅니다.

7 실제 거리에 대한 지도에서의 거리의 비율을 구해야 하므로 $\dfrac{3\,cm}{600\,m}$입니다. 거리의 단위가 다르므로 단위를 통일시키면 $\dfrac{3}{60000}=\dfrac{1}{20000}$입니다.

8 예 가을이는 20번 차서 12번을 넣었고, 봄이는 15번 차서 10번을 넣었습니다. 골 성공률은 시도한 것에 대한 성공한 것의 비율이므로 가을이의 골 성공률은 $\dfrac{12}{20}=\dfrac{3}{5}$이고, 봄이의 골 성공률은 $\dfrac{10}{15}=\dfrac{2}{3}$입니다.

$\dfrac{3}{5}$과 $\dfrac{2}{3}$의 크기를 비교하면 $\dfrac{9}{15}$, $\dfrac{10}{15}$이므로 봄이의 골 성공률이 더 높습니다.

step 5 수학 문해력 기르기 093쪽

1 약 1.6   **2** ②

3 (위에서부터) 5, 8   **4** 160 cm

2 ② 황금비는 피타고라스학파에서 중요시되었습니다.

4 세로에 대한 가로의 비율이 황금비라고 했으므로 세로에 대한 가로의 비율이 1.6이 됩니다.

$\dfrac{(가로)}{(세로)}=\dfrac{(가로)}{100}=1.6=\dfrac{16}{10}=\dfrac{160}{100}$

이므로 가로의 길이는 160 cm입니다.

1 (1) 백분율 (2) %

2 (1) 36 % (2) 40 %

3 (위에서부터) 0.45, 45 %, 0.65, 65 %

4 풀이 참조

5 (1) 43 % (2) 40 %

(3) 14 % (4) 25 %

6 (1) 25 % (2) 20 %

7 12 %, 9 %

2 (1) 25칸 중에 9칸이 색칠되어 있으므로
$\frac{9}{25}=\frac{9\times4}{25\times4}=\frac{36}{100}$이고 백분율로 나
타내면 36 %입니다.

(2) 50칸 중에 20칸이 색칠되어 있으므로
$\frac{20}{50}=\frac{20\times2}{50\times2}=\frac{40}{100}$이고 백분율로 나
타내면 40 %입니다.

4

$0.68=\frac{68}{100}=\frac{17}{25}$입니다.

6 (1) 전체 학생 수는 모두
30＋20＋25＋25＝100(명)이고, 줄
다리기에 참가한 6학년 학생 수는 25명
이므로 전체 학생 수에 대한 줄다리기에
참가한 6학년 학생 수는 $\frac{25}{100}=25$ %입
니다.

(2) 공 던지기에 참가한 5학년 학생 수는 20
명이므로 전체 학생 수에 대한 공 던지기
에 참가한 5학년 학생 수는

$\frac{20}{100}=20$ %입니다.

7 여름이가 만든 설탕물에서 설탕물의 양에 대
한 설탕의 양의 비율은
$\frac{30}{250}=\frac{3}{25}=\frac{12}{100}$이므로 12 %이고, 겨울
이가 만든 설탕물에서 설탕물의 양에 대한
설탕의 양의 비율은 $\frac{18}{200}=\frac{9}{100}$이므로
9 %입니다.

1 (앞에서부터) 60, 15, 14, 10, 1

2 ③

3 예 내일 비가 올 가능성은 50 %입니다.
내일 학교에 갈 가능성은 거의 100 %입
니다.

4 (1) 서태풍 (2) 김태양

2 ③ 인구수는 백분율이 아닙니다.

4 3점 숫 성공률이 가장 높은 선수는 50 %인
서태풍 선수이고, 자유투 성공률이 가장 높
은 선수는 87 %인 김태양 선수입니다.

1 50 %   2 64 %

3 ②   4 봄

5 사탕   6 ②

7 70 %

8 82 %   9 2 %

1 원래 금액에 대한 할인받은 금액의 비율이 할인율입니다. 따라서 3000원짜리 과자를 1500원 할인받아 1500원에 샀으므로 할인율은 $\frac{1500}{3000} \times 100 = 50(\%)$입니다.

2 득표율은 전체 학생 수에 대한 득표 수의 비율이므로 득표율은 $\frac{16}{25} \times 100 = 64(\%)$입니다.

3 불량이 4자루라고 했으므로 정상 상품의 수는 196자루입니다. 따라서 전체 연필 수에 대한 정상 연필의 수의 비율은 $\frac{196}{200} \times 100 = 98(\%)$입니다.

4 두 학생의 성공률을 구하면 봄이는 $\frac{11}{25} \times 100 = 44$이므로 성공률이 44 %이고, 가을이의 성공률은 $\frac{7}{20} \times 100 = 35$이므로 성공률이 35 %입니다.
따라서 봄이의 성공률이 더 높습니다.

5 500원짜리 초콜릿을 450원에 샀으므로 50원을 할인받은 것이고, 할인율을 구하면 $\frac{50}{500} = \frac{5}{100}$이므로 10 % 할인된 것입니다.
또한 400원짜리 사탕을 300원에 샀으므로 100원을 할인받은 것이고, 할인율을 구하면 $\frac{100}{400} = \frac{25}{100}$이므로 25 % 할인된 것입니다.
따라서 사탕의 할인율이 더 높습니다.

6 처음 가격에 대한 오른 후의 가격의 비율은 $\frac{2750}{2500} \times 100 = 110$이므로 110 %입니다.

7 처음에 20 cm였던 가로를 14 cm로 축소했으므로 처음 길이에 대한 줄어든 길이의 비율은 $\frac{14}{20} \times 100 = 70$이므로 처음의 70 %로 축소한 것입니다.

8 전체 좌석 수에 대한 예매된 좌석 수의 비율은 $\frac{369}{450} \times 100 = 82$이므로 예매율은 82 %입니다.

9 저금한 금액에 대한 이자의 비율은 $\frac{5000}{250000}$입니다. $\frac{5000}{250000} \times 100 = 2$이므로 이자율은 2 %입니다.

---

step **5** 수학 문해력 기르기 | 105쪽

1 마트에서 할인을 한다는 것을 홍보하기 위해서
2 예 할인을 한 것에서 추가적으로 더 할인을 하는 것
3 풀이 참조
4 (1) 2500원 (2) 750원 (3) 3500원
  (4) 1750원, 1500원
5 2450, 2100, B 마트

---

3 예 A 마트가 더 쌀 것 같습니다. 왜냐하면 50 % 할인을 하고 추가로 30 %를 또 할인하기 때문입니다.
B 마트가 더 쌀 것 같습니다. 겉으로 보기에는 A마트가 더 쌀 것 같지만 직접 계산을 해 보면 B 마트가 더 쌀 것입니다.

4 (1) 50 % 할인한 금액은 원래 금액의 절반만 내면 됩니다.
 (2) 50 % 할인한 금액이 2500원이고, 이것의 30 %를 할인받으면 2500원의 $\frac{30}{100}$을 할인받는 것이므로 2500원에서 750원을 더 할인받게 됩니다.
 (3) 70 % 할인한 금액은 5000원의 $\frac{70}{100}$을 덜 내게 되는 것이므로 3500원을 덜 내게 되는 것입니다.

(4) A 마트는 50 % 할인받고 30 % 더 할인받아

$5000-2500-750=1750$(원)이 되고, B 마트는 70 % 할인받아

$5000-3500=1500$(원)이 됩니다.

5 쌀 과자 10봉지의 가격은 7000원입니다.

A 마트의 가격은 7000원의 50 %인 3500원에서 3500원의 $\dfrac{30}{100}$ 을 더 할인받으면 1050원을 더 할인받게 되는 것입니다. 따라서 쌀 과자 10봉지의 가격은 $7000-3500-1050=2450$(원)입니다.

B 마트의 가격은 7000원의 $\dfrac{70}{100}$인 4900원을 할인받게 되므로 쌀 과자 10봉지의 가격은 $7000-4900=2100$(원)입니다.

따라서 B 마트에서 사는 것이 유리합니다.

17 그림그래프

1 📕📕📕
📗📗📗📗📗📗

2 45권, 26권, 56권

3 163권

4 3반이 책을 가장 많이 빌려 갔습니다.
2반이 가장 적은 책을 빌려 갔습니다.

5 (앞에서부터) 120, 110, 90, 160

6 풀이 참조

7 94명

3 $45+26+56+36=163$(권)입니다.

5 반올림하여 십의 자리까지 나타내야 하므로 일의 자리에서 반올림합니다.

6

마을	돼지의 수(마리)
가	🐷 🐷 🐷
나	🐷 🐷
다	🐷 🐷 🐷 🐷 🐷 🐷
라	🐷 🐷 🐷 🐷 🐷 🐷 🐷

마을별 키우고 있는 돼지의 수

7 가 마을은 22명, 나 마을은 17명, 다 마을은 30명, 라 마을에는 25명의 초등학생이 살고 있으므로 마을에 살고 있는 초등학생의 수는 모두 $22+17+30+25=94$(명)입니다.

1 음식물 쓰레기를 줄이자.

2 ⑤

3 소주, 라면

4 1000 L

5 약 3배

1 오염된 물을 정화하는 데 많은 물을 쓰더라도 물은 계속 순환하니까 괜찮을 것이라고 안이하게 생각할 수 있다. 하지만 정화 시설에 드는 많은 에너지와 돈, 시간과 노력을 따진다면 음식물 쓰레기를 최소한으로 줄이려는 노력이 반드시 필요하다.

2 ① 설렁탕 한 그릇: 5천 7백 컵
② 맥주 한 병: 4만 3천 컵
③ 육개장 한 그릇: 5천 1백 컵
④ 된장찌개 한 그릇: 1만 8천 컵

4 그래프에 페트병 1개당 1000 L라고 쓰여 있습니다.

5 우유를 정화하기 위한 물의 양은 7500 L이고, 페트병 7개 반 정도의 물이 필요합니다. 커피를 정화하기 위한 물의 양은 2520 L이고, 페트병 2개 반 정도의 물이 필요합니다.

따라서 우유를 정화하기 위해서는 커피를 정화하기 위한 물의 양의 약 3배가 필요합니다.

18 띠그래프

1 C

2 (앞에서부터) 25, 19, 40, 16, 100

3 풀이 참조

4 부분의 비율이 직관적으로 잘 보입니다. 비율을 길이로 나타내어 알아보기가 쉽습니다.

5 ④, ⑤　　　　　　**6** 20 %, 10 %

7 60명　　　　　　**8** 45명, 30 %

9 25 %　　　　　**10** 100명

2

라면별 좋아하는 사람 수

라면	A	B	C	D	합계
사람 수(명)	50	38	80	32	200
백분율(%)	25	19	40	16	100

A 라면을 좋아하는 사람 수는 50명이므로

$\frac{50}{200} \times 100 = 25(\%)$입니다.

B 라면을 좋아하는 사람 수는 38명이므로

$\frac{38}{200} \times 100 = 19(\%)$입니다.

C 라면을 좋아하는 사람 수는 80명이므로

$\frac{80}{200} \times 100 = 40(\%)$입니다.

D 라면을 좋아하는 사람 수는 32명이므로

$\frac{32}{200} \times 100 = 16(\%)$입니다.

3

0　10　20　30　40　50　60　70　80　90　100 (%)

A (25 %)	B (19 %)	C (40 %)	D (16 %)

5 ① 나의 키 변화는 꺾은선그래프가 적당합니다.

② 하루 동안의 기온 변화는 꺾은선그래프가 적당합니다.

③ 어느 지역의 월별 강수량 변화는 꺾은선그래프가 적당합니다.

6 전체 학생에 대한 B형인 학생의 비율은

$\frac{30}{150} \times 100 = 20(\%)$이고,

전체 학생에 대한 AB형인 학생의 비율은

$\frac{15}{150} \times 100 = 10(\%)$입니다.

7 O형인 학생은 백분율이 40 %이므로 B형인 학생 수의 2배일 것입니다. 따라서 O형인 학생은 60명입니다.

8 A형인 학생의 수는 나머지 혈액형의 학생의 수를 모두 더하면 30+60+15=105명이고, 전체 학생 수가 150명이므로 A형인 학생의 수는 45명입니다.

전체 학생에 대한 A형인 학생의 비율은

$\frac{45}{150} \times 100 = 30(\%)$입니다.

9 과학, 수학, 국어, 기타 과목을 좋아하는 학생 수의 백분율의 합은

20+30+15+10=75이므로 영어를 좋아하는 학생의 백분율은 25 %입니다.

10 400명의 학생에 대한 영어를 좋아하는 학생의 비율은 $\frac{25}{100}$로 25로 약분하면 $\frac{1}{4}$이므로 400명에 대한 $\frac{1}{4}$은 100명입니다.

$\frac{25}{100} \times 400 = 100(명)$입니다.

1 성향　　　　　　　2 ②
3 ①　　　　　　　　4 띠그래프
5 ③

1 이 글은 우리 반 학생들의 성향을 알아보기 위해서 선생님과 반 친구들이 설문조사를 한 것에 대해 이야기하고 있습니다.

2 '외향적(E)인지 내향적(I)인지, 감각적(S)인지 직관적(N)인지, 사고형(T)인지 감정형(F)인지, 계획을 중요시하는지(J), 상황에 맞춘 적응을 중요시하는지(P)'를 보면 알 수 있습니다.

3 표에 전체 학생 수가 나와 있지는 않습니다.

4 비율을 띠 모양으로 나타낸 그래프를 '띠그래프'라고 합니다.

5 ③은 5 %를 차지하고 나머지는 모두 10 %를 차지하고 있습니다.

19 원그래프

1 풀이 참조　　　　2 풀이 참조
3 20 %　　　　　　4 김밥, 순대
5 풀이 참조　　　　6 풀이 참조

7 도보　　　　　　8 6

1
가을이네 반 친구들이 좋아하는 분식

종류	김밥	떡볶이	만두	어묵	순대	합계
학생 수(명)	7	4	3	5	1	20
백분율(%)	35	20	15	25	5	100

학생의 수를 세어 보고, 각각의 백분율을 알아보면 다음과 같습니다.

김밥을 좋아하는 학생 수는 7명이므로

$\dfrac{7}{20} \times 100 = 35(\%)$입니다.

떡볶이를 좋아하는 학생 수는 4명이므로

$\dfrac{4}{20} \times 100 = 20(\%)$입니다.

만두를 좋아하는 학생 수는 3명이므로

$\dfrac{3}{20} \times 100 = 15(\%)$입니다.

어묵을 좋아하는 학생 수는 5명이므로

$\dfrac{5}{20} \times 100 = 25(\%)$입니다.

순대를 좋아하는 학생 수는 1명이므로

$\dfrac{1}{20} \times 100 = 5(\%)$입니다.

2
가을이네 반 친구들이 좋아하는 분식

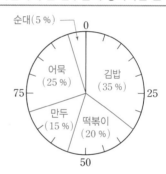

4 가장 많은 비율을 차지하는 것은 김밥(35 %)이고, 가장 적은 비율을 차지하는 것은 순대(5 %)입니다.

5
종류별 모종 수

종류	고추	가지	상추	오이	합계
모종 수 (그루)	80	40	20	60	200
백분율(%)	40	20	10	30	100

고추는 80그루이므로

$\dfrac{80}{200} \times 100 = 40(\%)$입니다.

가지는 40그루이므로

$\dfrac{40}{200} \times 100 = 20(\%)$입니다.

상추는 20그루이므로

$$\frac{20}{200} \times 100 = 10(\%)입니다.$$

오이는 60그루이므로

$$\frac{60}{200} \times 100 = 30(\%)입니다.$$

6 종류별 모종 수

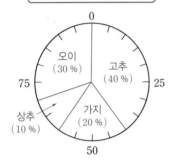

8 자전거로 등교하는 학생의 비율은 20 %이고, 버스를 타고 오는 학생의 비율은 23 %입니다. 두 비율의 차이는 3 %이므로 200명의 3 %는 $\frac{3}{100} \times 200 = 6$(명)입니다.

다른 풀이

자전거를 타고 오는 학생 수는

$\frac{20}{100} \times 200 = 40$(명)이고,

버스를 타고 오는 학생 수는

$\frac{23}{100} \times 200 = 46$(명)입니다.

따라서 학생 수의 차이는 6(명)입니다.

<hr>

step 5 수학 문해력 기르기   123쪽

1 해양 쓰레기   **2** ②

3 ⑤   **4** 플라스틱, 63.1 %

5 유리, 2.3 %

2 ② 비치코밍을 할 때, 해양 쓰레기는 탈염의 과정을 거쳐야 하므로 일반 쓰레기 봉투에 버리면 안 되고, 마대에 모아야 합니다.

<hr>

20 직육면체의 부피

step 3 개념 연결 문제   126~127쪽

1 (1) 18 cm³   (2) 27 cm³

2 8, 3, 4, 96 ; 8, 3, 4, 96

3 7   **4** 27배

step 4 도전 문제   127쪽

5 36 cm³   **6** ㉡, ㉢, ㉠

1 (1) 쌓기나무의 수는 $3 \times 2 \times 3 = 18$(개)이므로 18 cm³입니다.

    (2) 쌓기나무의 수는 $3 \times 3 \times 3 = 27$(개)이므로 27 cm³입니다.

2 쌓기나무의 수는 $8 \times 3 \times 4 = 96$(개)이므로 96 cm³입니다.

3 왼쪽 직육면체의 부피를 구하면 $7 \times 5 \times 4 = 140(cm^3)$이고, 오른쪽 직육면체 역시 140 cm³입니다.

    따라서 $4 \times 5 \times \square = 140$이므로 $\square = 7$입니다.

4 가의 부피는 $4 \times 4 \times 4 = 64(cm^3)$이고, 나의 부피는 $12 \times 12 \times 12 = 1728(cm^3)$입니다.

    $1728 \div 64 = 27$이므로 나의 부피는 가의 부피의 27배입니다.

다른 풀이

12는 4의 3배이고 3배씩 3번 곱한 것이므로 27배입니다.

5 부피가 2 cm³인 작은 직육면체의 수는 $2 \times 3 \times 3 = 18$(개)이므로 큰 직육면체의 부피는 $2 \times 18 = 36(cm^3)$입니다.

6 각각의 부피를 구하면 다음과 같습니다.

    ㉠ 한 모서리의 길이가 7 cm인 정육면체: $7 \times 7 \times 7 = 343(cm^3)$

    ㉡ 가로 15 cm, 세로 6 cm, 높이 4 cm인 직육면체: $15 \times 6 \times 4 = 360(cm^3)$

ⓒ 부피가 $350\,cm^3$인 직육면체: $350\,cm^3$
따라서 부피가 가장 큰 것부터 순서대로 기호를 쓰면 ⓛ, ⓒ, ⓖ입니다.

1 (위에서부터) $10,\ 10,\ \dfrac{1}{10},\ \dfrac{1}{10}$

2 ⑤

3 100배   **4** $180000\,cm^3$

5 $4000\,cm^3,\ 4\,L$

---

3 '말'이 '되'의 10배이고, 섬은 그것의 또 10배이므로 100배가 됩니다.

4 '한 되' 약 $1.8\,L$이므로 '한 섬'은 그 100배인 약 $180\,L$입니다. $1\,L$는 $1000\,cm^3$이므로 $180\,L$는 약 $180000\,cm^3$입니다.

5 $20\times20\times10=4000(cm^3)$입니다. $1\,L$는 $1000\,cm^3$이므로 이것을 L로 환산하면 $4\,L$가 됩니다.

21 m^3 알아보기

1 (1) $1\,m^3$ (2) $1000000\,cm^3$

2 (1) 2000000 (2) 1700000
   (3) 0.74 (4) 11

3 $120\,m^3$ **4** ③

5 $500000\,cm^3$

6 풀이 참조; 315000개

7 200

---

1 (2) $1\,m=100\,cm$이므로
   $1\,m^3=1\,m\times1\,m\times1\,m$
      $=100\,cm\times100\,cm\times100\,cm$
      $=1000000(cm^3)$입니다.

3 $800\,cm=8\,m$이므로
   $8\times3\times5=120(m^3)$입니다.

4 ① $76000000\,cm^3=76\,m^3$
  ② (한 모서리의 길이가 $300\,cm$인
    정육면체)$=3\times3\times3=27(m^3)$
  ③ (가로 $600\,cm$, 세로 $800\,cm$, 높이
    $2\,m$인 직육면체)$=6\times8\times2=96(m^3)$
  ④ (가로 $4\,m$, 세로 $6\,m$, 높이 $3\,m$인
    직육면체)$=4\times6\times3=72(m^3)$
  ⑤ $80\,m^3$
    부피가 가장 큰 것은 ③입니다.

5 예 $12\,m^3=12000000\,cm^3$이므로 부피의 차는
   $12000000-11500000$
   $=500000(cm^3)$

6 예 $1\,m$에는 한 모서리의 길이가 $10\,cm$인 정육면체 모양의 상자를 10개 놓을 수 있으므로 $3\,m$에는 30개, $7\,m$에는 70개, $15\,m$에는 150개를 놓을 수 있습니다.
따라서 이 상자에는 한 모서리의 길이가 $10\,cm$인 정육면체를
$30\times70\times150=315000$(개) 담을 수 있습니다.

7 $3.6\,m^3=3600000\,cm^3$이므로
   □$=3600000\div150\div120=200$입니다.

1 수학 체험 또는 체험 수학

2 ⓖ, ⓛ, ⓒ   **3** $100\,cm$

4 4개   **5** 24개

1 이 글은 수학 체험 또는 체험 수학을 홍보하기 위해 만들어진 것입니다.

3 1 m^3는 한 변의 길이가 100 cm인 정육면체의 부피입니다.

4 25 cm가 4개 있어야 1 m가 만들어집니다.

5 부피가 1 m^3인 정육면체의 한 모서리의 길이는 1 m입니다. 1 m는 50 cm가 2개 있어야 하므로 한 변에 2개의 긴 막대가 필요합니다. 정육면체는 모두 12개의 모서리를 가지므로 모두 24개의 막대가 필요합니다.

---

22 직육면체의 겉넓이

step 3 개념 연결 문제   138~139쪽

1 (위에서부터) 40, 2, 236

2 6, 24

3 (1) 108 cm^2 (2) 54 cm^2

4 400 cm^2

5 풀이 참조; 216 cm^2

step 4 도전 문제   139쪽

6 12   **7** 384 cm^2

---

2 정육면체는 여섯 면의 넓이가 모두 같습니다.

3 (1) $(12+18+24) \times 2 = 108(\text{cm}^2)$

    (2) $3 \times 3 \times 6 = 54(\text{cm}^2)$

4 전개도를 접으면 밑면의 가로의 길이가 10 cm, 세로의 길이가 5 cm이고, 높이가 10 cm인 직육면체가 만들어집니다.

따라서 주어진 직육면체의 겉넓이는 $(50+50+100) \times 2 = 400(\text{cm}^2)$

5 예 한 면의 넓이가 36 cm^2이고, 6개의 면이 있으므로 정육면체의 겉넓이는 $36 \times 6 = 216(\text{cm}^2)$입니다.

---

6 $(6 \times 2) \times 2 + (2+6+2+6) \times \square = 216(\text{cm}^2)$

$16 \times \square = 192$이므로 $\square = 12$입니다.

7 한 면의 둘레가 32 cm인 정육면체에서 한 모서리의 길이는 $32 \div 4 = 8(\text{cm})$입니다.

한 모서리의 길이가 8 cm인 정육면체의 겉넓이는 $8 \times 8 \times 6 = 384(\text{cm}^2)$입니다.

---

step 5 수학 문해력 기르기   141쪽

1 안내   **2** ㉡, ㉢, ㉣, ㉠

3 가로: 22, 세로: 19, 높이: 9

4 1574 cm^2 **5** 2322 cm^2

---

1 글의 제목이 '우체국 택배 이용 안내문'입니다. 따라서 우체국 택배를 이용하는 방법을 안내하기 위한 글입니다.

4 $(19 \times 22) \times 2 + (19+22+19+22) \times 9 = 836+738 = 1574(\text{cm}^2)$

5 $(18 \times 27) \times 2 + (18+27+18+27) \times 15 = 972+1350 = 2322(\text{cm}^2)$